Walid Belgacem

Stratégies de contrôle actif du bruit de roulement sur les automobiles

Walid Belgacem

Stratégies de contrôle actif du bruit de roulement sur les automobiles

Presses Académiques Francophones

Impressum / Mentions légales

Bibliografische Information der Deutschen Nationalbibliothek: Die Deutsche Nationalbibliothek verzeichnet diese Publikation in der Deutschen Nationalbibliografie; detaillierte bibliografische Daten sind im Internet über http://dnb.d-nb.de abrufbar.
Alle in diesem Buch genannten Marken und Produktnamen unterliegen warenzeichen-, marken- oder patentrechtlichem Schutz bzw. sind Warenzeichen oder eingetragene Warenzeichen der jeweiligen Inhaber. Die Wiedergabe von Marken, Produktnamen, Gebrauchsnamen, Handelsnamen, Warenbezeichnungen u.s.w. in diesem Werk berechtigt auch ohne besondere Kennzeichnung nicht zu der Annahme, dass solche Namen im Sinne der Warenzeichen- und Markenschutzgesetzgebung als frei zu betrachten wären und daher von jedermann benutzt werden dürften.

Information bibliographique publiée par la Deutsche Nationalbibliothek: La Deutsche Nationalbibliothek inscrit cette publication à la Deutsche Nationalbibliografie; des données bibliographiques détaillées sont disponibles sur internet à l'adresse http://dnb.d-nb.de.
Toutes marques et noms de produits mentionnés dans ce livre demeurent sous la protection des marques, des marques déposées et des brevets, et sont des marques ou des marques déposées de leurs détenteurs respectifs. L'utilisation des marques, noms de produits, noms communs, noms commerciaux, descriptions de produits, etc, même sans qu'ils soient mentionnés de façon particulière dans ce livre ne signifie en aucune façon que ces noms peuvent être utilisés sans restriction à l'égard de la législation pour la protection des marques et des marques déposées et pourraient donc être utilisés par quiconque.

Coverbild / Photo de couverture: www.ingimage.com

Verlag / Editeur:
Presses Académiques Francophones
ist ein Imprint der / est une marque déposée de
AV Akademikerverlag GmbH & Co. KG
Heinrich-Böcking-Str. 6-8, 66121 Saarbrücken, Deutschland / Allemagne
Email: info@presses-academiques.com

Herstellung: siehe letzte Seite /
Impression: voir la dernière page
ISBN: 978-3-8381-7232-3

UNIVERSITÉ DE SHERBROOKE
Faculté de génie
Département de génie mécanique

STRATÉGIES DE CONTRÔLE ACTIF DU BRUIT DE ROULEMENT SUR LES AUTOMOBILES

Thèse de doctorat
Spécialité : génie mécanique

Walid BELGACEM

Jury : Patrice MASSON (directeur)
Alain BERRY (directeur)
Benoît BOULET
Yvan CHAMPOUX
Yann Pasco

Sherbrooke (Québec) Canada   Avril 2010

Je dédie ce travail à mes parents, sans qui je
ne serais pas où j'en suis aujourd'hui

RÉSUMÉ

Cette thèse a pour objectif de mettre en oeuvre un système de contrôle actif vibratoire du rayonnement acoustique (ASAC) sur les suspensions automobile dans le but de réduire le bruit de roulement.

Premièrement, un banc de test constitué d'un quart de suspension automobile, ainsi qu'un véhicule *Buick Century* sont instrumentés de différents capteurs et actionneurs dans le but de caractériser ces systèmes à travers des fonctions de transfert. Ces fonctions de transfert primaires (entre l'excitation de route et les différents capteurs) et secondaires (entre différentes positions possibles des actionneurs de contrôle et les différents capteurs) constituent le modèle expérimental relatif à chacun des deux montages élaborés dans notre laboratoire.

Dans le but de reproduire une excitation réaliste de roulement, un véhicule *Chevrolet Epica LS* est instrumenté puis des tests routiers sont réalisés afin de mesurer le bruit de roulement à l'intérieur de la cabine ainsi que les accélérations injectées sur le moyeu de la roue par les irrégularités de la route. À l'aide d'un modèle inverse, les excitations en force requises pour reproduire le bruit de roulement sur le du banc de test et sur le véhicule *Buick Century* sont déterminées.

Deuxièmement, une étude des chemins de transmission vibro-acoustiques du bruit de roulement est menée au moyen des taux de transmissibilité. Ces taux de transmissibilité sont caractérisés entre 20 et 500 Hz dans le but de déterminer les chemins dominants de propagation des vibrations injectées par les irrégularités de la route à travers les points d'ancrage entre la suspension et le châssis puis leur rayonnement à l'intérieur de la cabine.

Troisièmement, un algorithme d'optimisation de la configuration (position et orientation) des actionneurs de contrôle est élaboré. Cet algorithme utilise le modèle expérimental identifié sur le banc de test et sur le véhicule *Buick Century*. L'algorithme conçu combine le contrôle optimal et l'algorithme génétique afin d'optimiser la position et l'orientation de chaque actionneur de contrôle en minimisant une fonction coût. Différentes configurations de contrôle et différents objectifs de minimisation (vibrations des points d'ancrage, pression acoustique virtuelle et pression acoustique réelle à l'intérieur de la cabine) sont étudiés puis réalisés expérimentalement sur les montages afin d'évaluer la performance du contrôle actif par anticipation en fonction de leur capacité à réduire le bruit de roulement à l'intérieur de la cabine. L'implantation d'un contrôleur par anticipation FX-LMS sur la suspension avant côté conducteur sur le *Buick Century* en utilisant des actionneurs inertiels comme actionneur de contrôle a mené à des atténuations de niveau de pression acoustique de plus de 10 dB sur certaines fréquences.

Finalement, des conditions de roulement réalistes à 50 km/h sont simulées sur le véhicule complet *Buick Century*. La configuration des actionneurs de contrôle est optimisée sur chacune des quatre suspensions du véhicule. Les résultats de contrôle optimal montrent que la pressions acoustique peut être réduite globalement de plus de 17 dB(A) entre 20 et

500 Hz. Cette réduction de bruit de roulement en utilisant l'approche de contrôle vibratoire du rayonnement acoustique est globale à l'intérieur de la cabine et donc perçue par tous les utilisateurs (conducteur et passagers).

Mots-clés : bruit de roulement sur les automobiles, contrôle actif par anticipation, contrôle actif vibratoire du rayonnement acoustique, optimisation de la configuration des actionneurs de contrôle

REMERCIEMENTS

Je tiens tout d'abord à remercier chaleureusement et amicalement les professeurs Alain Berry et Patrice Masson qui m'ont accueilli au GAUS (Groupe d'Acoustique de l'Université de Sherbrooke), pour leur soutien et pour leur rigueur scientifique.

Je remercie tout aussi chaleureusement et amicalement Yann Pasco, Christian Clavet, Patrick Levesque, Chantal Simard, Brian Driscoll, Sonia Fortin, Sylvie Perron et Andrée Paradis pour leur soutien technique et administratif.

Je tiens aussi à remercier tous les membres du jury qui m'ont fait l'honneur d'évaluer mon travail avec objectivité. Leurs remarques et suggestions lors de la lecture de mon rapport m'ont permis d'apporter des améliorations à la qualité de ce dernier.

Je voudrais aussi remercier Mr. Nicolas Loix de MICROMEGA pour ses conseils et son aide inestimable pour le choix et la fourniture des actionneurs inertiels.

Un grand merci à tous mes amis qui par leurs conseils ou leur humour ont été d'un grand soutien. En particulier, je voudrais remercier Rached, Khaled, Ahmed, Antony, Guillaume, Philippe-Aubert.

Un remerciement particulier pour Geneviève Beaudin qui par son sourire et ses encouragements m'a été d'un grand soutien aux moments difficiles.

Mes remerciement s'adressent aussi au Réseau de Centres d'Excellence AUTO21 et au FQRNT (Fonds Québécois de la Recherche sur la Nature et les Technologies) pour leurs contributions financières à ce projet.

Finalement j'adresse un grand merci à toute ma famille qui, de prés ou de loin, a toujours su m'offrir son soutien, ses encouragements et son affection.

TABLE DES MATIÈRES

LISTE DES FIGURES

LISTE DES TABLEAUX

CHAPITRE 1

Introduction

1.1 Mise en contexte et problématique

L'évolution de l'automobile n'a jamais cessé depuis son invention à la fin du dix-neuvième siècle pour devenir aujourd'hui un secteur d'activités incontournable dans l'économie des pays constructeurs. Au Canada, le secteur automobile contribue à plus de 12 % du produit intérieur brut (PIB) manufacturier. Ce secteur est à l'origine, directement ou indirectement, d'un emploi industriel sur sept au Canada ce qui représente 550000 personnes [Mangeol, 2006].

Face à une concurrence de plus en plus internationale, les constructeurs automobiles sont contraints d'améliorer et d'apporter de l'innovation à leurs produits tout en respectant un coût de fabrication qui leur permet de rester compétitifs sur le marché.

Ce projet s'inscrit dans le cadre d'AUTO21, un Réseau de Centres d'Excellence (RCE) qui a vu le jour en 2001 dans le but d'appuyer la recherche et le développement dans le secteur automobile afin d'améliorer la compétitivité de l'industrie automobile canadienne. Le réseau AUTO21 a permis de mettre sur pied des partenariats sans précédent entre 45 universités et plus de 220 partenaires de l'industrie automobile et du gouvernement pour créer des projets de recherche qui touchent des disciplines aussi variées que la sociologie, la médecine et l'ingénierie.

De nos jours, les constructeurs automobiles produisent des véhicules de plus en plus légers afin d'augmenter la performance et le rendement énergétique. Malheureusement, ceci a un impact sur les vibrations et le bruit produits par le châssis. En effet, une structure plus légère est plus susceptible de rayonner du bruit en basse fréquence à l'intérieur du véhicule. L'acoustique d'une voiture devient donc un aspect très important dans l'évaluation de la qualité du produit surtout dans cette dernière décennie pendant laquelle les technologies de l'information (téléphone, GPS...) s'installent de plus en plus à l'intérieur des véhicules. Le contrôle de l'acoustique de l'habitacle automobile devient alors une valeur ajoutée au produit qui peut le rendre plus compétitif sur un marché extrêmement concurrentiel.

Les efforts déployés pour la réduction du bruit sur les véhicules ne datent pas d'hier et des améliorations considérables ont été apportées à l'environnement acoustique à l'intérieur

1

de la cabine. Cependant deux sources de bruit posent encore des problèmes non résolus : le bruit aérodynamique produit par l'écoulement de l'air turbulent autour du véhicule et le bruit de roulement produit par contact entre le pneu et la chaussée. En dessous de 100 km/h, dans des zones urbaines par exemple, il a été démontré que le bruit de roulement devient le bruit dominant à l'intérieur d'un véhicule en basses fréquences (au dessous de 600 Hz) [Dehandschutter *et al.*, 1995a].

Historiquement, pour réduire le bruit d'une façon générale à l'intérieur des véhicule et plus particulièrement le bruit de roulement, les méthodes passives sont fréquemment utilisées comme les matériaux absorbants sur les surfaces intérieures de la cabine automobile ou encore les suspensions passives. La solution passive est efficace pour la réduction du bruit en hautes fréquences mais elle reste limitée en basses fréquences [Lord *et al.*, 1986] à cause du coût et surtout de la masse des matériaux absorbants qu'on doit rajouter à l'habitacle pour que la réduction du bruit soit optimale.

Comme solution à l'inefficacité des méthodes passives en basses fréquences, des méthodes alternatives basées sur le contrôle actif ont vu le jour et gagnent de plus en plus de terrain ces deux dernières décennies pour la réduction du bruit en basses fréquences [Fuller *et al.*, 1996; Nelson et Elliot, 1992]. Le principe du contrôle actif réside dans l'utilisation des éléments actifs tels que des haut-parleurs ou des actionneurs inertiels pour altérer les chemins de transmission du bruit à partir de la source jusqu'à l'intérieur de la cabine afin de produire un environnement acoustique confortable pour les passagers.

Par rapport à l'habitacle, la suspension automobile est une source de bruit. En effet, la suspension vise à isoler la voiture des irrégularités de la route. Cependant, une suspension conventionnelle est constituée des éléments passifs qui n'isolent pas le châssis des vibrations injectées par la route en basses fréquences audibles. Ces vibrations sont donc transmises au châssis et se propagent par voie solidienne jusqu'aux différents éléments rayonnants du bruit à l'intérieur de la cabine. Une solution pour réduire le bruit de roulement serait d'altérer les chemins de transmission vibratoires de l'excitation de la route sur la suspension dans le but de réduire la bruit de roulement. C'est dans cette vision que ce projet FIN-F204 d'AUTO21 a été mis en oeuvre.

1.2 Objectifs et originalités

L'objectif de ces travaux de thèse est d'étudier, d'implanter et d'évaluer la performance d'un contrôle actif vibratoire du rayonnement acoustique (Active Structural Acoustic Control ASAC) sur une suspension automobile dans le but de réduire le bruit de roulement et d'améliorer la qualité acoustique à l'intérieur de la cabine. L'originalité de ces travaux réside dans l'approche expérimentale établie pour la caractérisation des chemins vibro-acoustiques du bruit de roulement, l'optimisation de la configuration (position et orientation) des actionneurs de contrôle et l'évaluation de la performance de différentes stratégies de contrôle. Les stratégies de contrôle qui seront explorées visent à réduire le bruit de roulement perçu par le conducteur du véhicule ainsi que ses passagers en utilisant des approches de contrôle actif différentes :

Stratégie de contrôle acoustique : cette stratégie vise à réduire la pression acoustique à l'intérieur de la cabine en utilisant la mesure de cette dernière comme critère de réduction.

Stratégie de contrôle vibratoire : cette stratégie vise à réduire les niveaux vibratoires aux points de raccord de la suspension avec le châssis dans le but de couper les chemins de transmission de bruit de route avant sa propagation dans l'habitacle. Cette approche est originale puisqu'elle vise à réduire la source du bruit de roulement vis-à-vis le châssis avant sa propagation dans ce dernier puis son rayonnement à l'intérieur de la cabine.

Stratégie de contrôle déporté : cette stratégie vise à réduire un critère de pression acoustique virtuelle construit à partir des vibrations transmises au châssis et un modèle vibro-acoustique des chemins de propagation des vibrations à travers le châssis et leurs rayonnements à l'intérieur de la cabine.

1.3 Plan du document

L'étude de la mise en oeuvre d'un système de contrôle actif du bruit de roulement présentée dans ces travaux est réalisée sur deux plate-formes : la première est un banc de test qui est constitué essentiellement d'une suspension conventionnelle de type McPherson qui provient d'un véhicule *Ford Countour 1998* et d'un bâti rigide sur lequel la suspension a été fixé [Douville, 2003]. La deuxième plate-forme système est un véhicule *Buick Century 2000*. On attire l'attention du lecteur que dans cette thèse les travaux menés d'une part sur le banc de test et d'autre part sur le véhicule *Buick Century* seront présentés conjointement alors que chronologiquement la suspension sur le banc de test a fait l'objet d'étude dans le cadre d'une maîtrise (2005-2007) tandis que les travaux élaborés sur le véhicule font partie des travaux de thèse (2007-2009) dans le cadre d'un passage direct de la maîtrise au doctorat.

L'état de l'art présenté au Chapitre 2 vise à cerner les connaissances acquises sur le problème de bruit à l'intérieur des véhicules qui devient ces 40 dernières années un aspect de plus en plus important à la fois pour les constructeurs automobiles et les consommateurs [Lalor et Priebsch, 2007]. Pour améliorer la qualité acoustique à l'intérieur des véhicules des techniques passives, semi-actives et actives sont appliquées. Ces différentes techniques seront présentées et classifiées en fonction de leurs avantages et limitations.

Dans le but d'élaborer une solution de contrôle actif pour réduire le bruit de roulement, le banc de test et le véhicule *Buick Century* serviront de systèmes sur lesquels cette étude sera menée. Ce deux systèmes ont été instrumentés par différents capteurs et actionneurs dans le but de les caractériser et de les modéliser par des fonctions de réponses en fréquence (Frequency Response Function FRF). Une description détaillée des montages expérimentaux mis en oeuvre dans notre laboratoire pour caractériser ces deux systèmes sera détaillée dans le Chapitre 3.

Le banc de test et le véhicule *Buick Century* sont ainsi modélisés par un modèle expérimental intrinsèque à chacun de ces deux systèmes. Dans le but de construire la source de bruit de roulement qui est un paramètre extrinsèque aux modèles, des tests routiers ont été réalisés avec un véhicule *Chevrolet Epica LS*. L'étude du comportement vibro-acoustique de ce véhicule permettra dans le Chapitre 4, d'une part, d'adapter l'excitation sur le banc de test et le véhicule *Buick Century* pour reproduire l'excitation de route sur ces deux systèmes et, d'autre part, d'évaluer la contribution de l'excitation de la route au bruit à l'intérieur de la cabine.

L'excitation de route produite par l'interaction entre la roue et la route introduit des vibrations sur la suspension qui sont transmises par cette dernière au châssis. Les vibrations transmises au châssis se propagent à leur tour aux différents éléments rayonnants à l'intérieur de la cabine causant le bruit de roulement. Une analyse quantitative des chemins de transmission primaire de bruit de route sera effectuée dans le Chapitre 5 afin d'évaluer la contribution de ces chemins aux vibrations transmises, d'une part, par la suspension du banc de test au bâti et, d'autre part, par la suspension avant côté conducteur du *Buick Century* au châssis. La contribution des vibrations transmises au châssis au bruit à l'intérieur de la cabine du *Buick Century* sera évaluée dans la suite.

Le modèle expérimental de la suspension sur le banc de test et celui de la suspension avant côté conducteur identifiés au Chapitre 3 seront utilisés pour optimiser la configuration de contrôle. Un outil d'optimisation capable d'optimiser la position et l'orientation d'un ou de plusieurs actionneurs de contrôle sera élaboré et validé au Chapitre 6. Dans ce même chapitre, différentes configurations de contrôle optimal en fonction du nombre d'action-neurs ainsi que du critère de minimisation seront étudiées. Sur le modèle expérimental du *Buick Century*, différentes stratégies de contrôle (acoustique, vibratoire et déporté) seront évaluées en fonction de leur impact sur la réduction du bruit de roulement à l'intérieur de la cabine.

Les performances de contrôle optimal obtenues en étudiant les différents cas de configura-tions de contrôle dans le Chapitre 6 sont les résultats d'une situation idéale. Le passage d'un contrôle optimal à un contrôle actif expérimental sur le banc de test et la suspension avant conducteur du *Buick Century* permettront d'évaluer les performances d'un contrôle par anticipation expérimentalement. La mise en oeuvre expérimentale du contrôle actif dans des conditions de laboratoire ainsi que les résultats et les performances obtenus se-ront détaillés dans le Chapitre 7.

Dans le Chapitre 8, le modèle expérimental du *Buick Century* sera utilisé dans son intégra-lité pour optimiser la configuration des actionneurs de contrôle et d'évaluer la performance d'un contrôle actif sur la réduction du bruit de roulement dans des conditions réelles de roulement (identifiées au Chapitre 4). Une étude préliminaire du dimensionnement des actionneurs de contrôle nécessaires pour atteindre la performance optimale du contrôle sera abordée.

Les conclusions ainsi que les recommandations pour des travaux futurs seront présentées au Chapitre 9.

CHAPITRE 2

État de l'art

2.1 Le bruit dans une automobile

Le problème de bruit dans un véhicule peut être abordé en identifiant les trois éléments suivants (voir Figure 2.1) :

- Sources de bruit.

- Chemins de transmission du bruit.

- Récepteurs du bruit : les récepteurs du bruit d'un véhicule peuvent être classés en récepteurs internes (conducteur et passagers des véhicules) et récepteurs externes. Pour les récepteurs externes, le bruit est défini comme étant le bruit de trafic routier qui est un problème de pollution sonore d'actualité dans nos villes. Dans ces travaux, seulement les récepteurs internes au véhicule seront considérés et par conséquent, les sources de bruit présentées sont vis-à-vis du bruit interne .

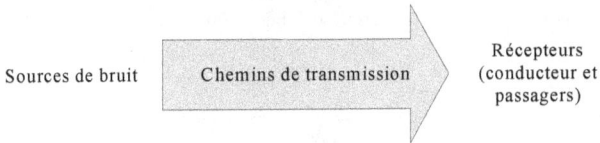

Sources de bruit — Chemins de transmission → Récepteurs (conducteur et passagers)

Figure 2.1 Sources, chemins de transmission et récepteurs du bruit dans un véhicule

2.1.1 Sources

La Figure 2.2 présente les principales sources de bruit sur un véhicule vis-à-vis du bruit interne.

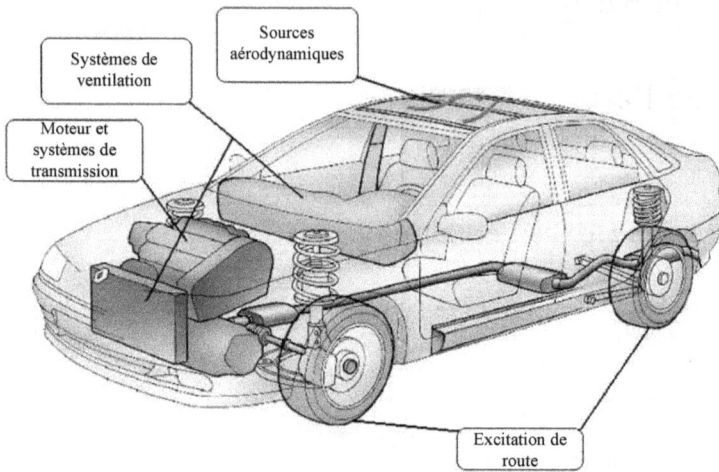

Figure 2.2   Sources de bruit sur un véhicule vis-à-vis du bruit interne

Les sources de bruit sur un véhicule sont diverses et multiples :

Moteur : Le bruit produit par le moteur est dû à la séquence des explosions dans le moteur à combustion interne et majoritairement aux vibrations du bloc moteur causées par la dynamique des pistons, des bielles et du vilebrequin. Ces vibrations sont transmises par voie solidienne à l'habitacle puis rayonnées à l'intérieur de la cabine. À régime constant, le bruit moteur est périodique puisqu'il est causé par une séquence d'allumage périodique et par la dynamique des masses mobiles qui est aussi périodique. Le moteur est une source importante de vibrations entre 50 et 400 Hz (dépendement du régime moteur) et cause un bruit important à l'intérieur de la cabine durant la phase d'accélération du véhicule. Ce bruit connu dans la littérature sous le nom de *rumble noise* est produit lorsque le mode du plancher et celui du tableau de bord se trouvent excités par les vibrations du moteur entre 100 et 200 Hz [Kinoshita *et al.*, 1994].

Sources de bruit aérodynamique : Les sources de bruit aérodynamiques sont multiples sur un véhicule. Lorsqu'un véhicule se déplace, les interactions entre l'écoulement de l'air et les rétroviseurs, les essuie-glaces et les trous de serrure des portières deviennent des sources de bruit pour les passagers. D'autre part, les fluctuations de pression autour de la carrosserie excitent cette dernière qui rayonne à son tour du

bruit à l'intérieur de la cabine. Le bruit aérodynamique est un bruit en large bande
essentiellement entre 0 et 2 kHz et devient dominant à l'intérieur de la cabine lorsque
le véhicule se déplace à plus de 100 km/h [Peric *et al.*, 1997].

Systèmes de ventilation : La rotation des pales dans le système de ventilation crée un
bruit acoustique périodique (bruit de raie) qui dépend de la vitesse de rotation et du
nombre de pales [Gérard, 2006]. D'autre part, l'expulsion de l'air du ventilateur et
son déplacement forcé dans les conduites crée des turbulences qui produisent à leur
tour un bruit en large bande en dessous de 2 kHz [Boudoy et Martin, 2003].

Route : Les irrégularités de la route excitent la roue générant des vibrations qui se propagent à travers la roue et le système de suspension. Cette dernière est connectée
au châssis par l'intermédiaire de la table de suspension et la tige de réaction qui
transmettent une partie de l'énergie vibratoire provenant de la route vers le châssis.
La propagation de ces vibrations vers les éléments rayonnants produit le bruit de
roulement à l'intérieur de la cabine dominant en dessous de 600 Hz [Dehandschutter
et al., 1995a].

Deux sources de bruit demeurent à ce jour non résolus : le bruit causé par des sources
aérodynamiques qui se manifeste pour une vitesse du véhicule au dessus de 100 km/h et
le bruit de roulement causé par l'interaction entre la roue et la route qui se manifeste pour
des vitesses inférieures à 100 km/h et devient dominant particulièrement à 50 km/h [Gu
et al., 2001] qui est la vitesse autorisée dans nos villes. La réduction du bruit de roulement
fera l'objet de toute l'attention de cette thèse.

2.1.2 Chemins de transmission

Il existe deux type de transmission de bruit de sa source au récepteur à l'intérieur du véhicule : transmission aérienne et transmission solidienne. Le bruit généré par le ventilateur
par exemple se transmet par voie aérienne aux passagers du véhicule alors que le bruit
de route se transmet par voie solidienne (suspension, châssis ...) jusqu'aux passagers. Ces
derniers peuvent alors le percevoir (bruit de route) comme étant des vibrations ou bien
comme un bruit acoustique. Les vibrations structurales en dessous de 40 Hz perçues par
les passagers touchent le confort vibratoire à l'intérieur du véhicule et peuvent rendre le
voyage plus fatiguant à cause des modes de la suspension qui génèrent des grandes amplitudes de déplacement. Les vibrations structurales qui touchent au confort vibratoire des
passagers ne fait pas partie de l'étude présentée dans cette thèse. Seulement les vibrations

structurales responsables du rayonnement acoustique qui touchent à la qualité acoustique à l'intérieur de la cabine seront considérées.

Plusieurs travaux [Douville *et al.*, 2006; Constant *et al.*, 2001; Kido *et al.*, 1999] montrent que l'énergie des vibrations structurales causées par les irrégularités de la route sur la suspension est localisée entre 0 et 500 Hz. Par ailleurs, il a été démontré que la pression acoustique à l'intérieur de la cabine est fortement corrélée aux vibrations transmises par la suspension au châssis [Park et Fuller, 2001].

L'environnement acoustique à l'intérieur d'un véhicule est critique en dessous de 400 Hz à cause des modes acoustiques de la cavité à l'intérieur de la cabine [Dehandschutter et Sas, 1999] plus particulièrement, aux fréquences où les modes vibratoires de la suspension se superposent aux modes structuraux et aux modes acoustiques du châssis [S. H. Kim et Sung, 1999; Douville, 2003].

2.1.3 Récepteurs

Le récepteur est l'oreille humaine, une merveille de la nature qui détecte les sons sur une large gamme de fréquences entre 20 Hz et 20 kHz et qui est capable de supporter des variations de pression allant de 20 μPa (seuil d'audibilité) à 20 Pa (seuil de douleur). La sensibilité de l'oreille dépend de la fréquence. En effet, elle est moins sensible aux basses fréquences entre 20 et 500 Hz qu'aux fréquences moyennes et aiguës. Dans ces travaux, les mesures de pression acoustique seront présentées en dB(A) afin de donner une indication de gène par rapport aux récepteurs du bruit (conducteur et passagers).

2.2 Méthodes de réduction du bruit dans un véhicule

2.2.1 Méthodes passives

2.2.2 Matériaux absorbants

L'intérieur de l'habitacle des véhicules récents est pratiquement couvert par des matériaux absorbants (mousses, tapis, sièges ...). Pour absorber une onde acoustique, l'épaisseur du matériau absorbant est proportionnelle à la longueur d'onde du bruit qu'on cherche à contrôler. Par exemple, pour absorber un bruit à 200 Hz, l'épaisseur du matériau absorbant doit être supérieure à 250 cm [Nagarkatti, 2001]. Il est donc clair que cette solution ne peut pas être envisagée dans une cabine automobile pour réduire le bruit de roulement en basses fréquences.

2.2.3 Suspensions passives

La majorité des véhicules sont équipés de suspensions passives. Ces suspensions sont consti-
tuées essentiellement de composantes passives : tige de réaction (ressort plus l'amortisseur),
coussinets en élastomère (assurent la liaison entre la table de suspension et le châssis) et
pneu. Chacune de ces composantes possède sa propre raideur et son propre amortissement.

Pour réduire les forces latérales transmises par la suspension au châssis, [Kido et al., 1999]
proposent d'augmenter la raideur des coussinets de la table de suspension. L'augmentation
de la raideur de 200 % a permis de réduire les forces latérales transmises par la suspension
de 5 dB entre 110 et 150 Hz.

D'un autre côté, pour réduire le bruit de roulement à l'intérieur de la cabine, [Constant
et al., 2001] montrent que la réduction de la pression du pneu d'approximativement 60 %
permet de réduire le niveau de pression acoustique à l'oreille du conducteur de 1 à 3 dB
en moyenne entre 20 et 300 Hz.

L'augmentation de la raideur des coussinets de la table de suspension et/ou la réduction de
la pression des pneus peuvent contribuer à la réduction des vibrations structurales intro-
duites par la route. Cependant, la manoeuvrabilité du véhicule est mise en cause. En effet,
la raideur et l'amortissement des différentes composantes de la suspension sont optimisés
par les constructeurs pour assurer un compromis entre la manoeuvrabilité du véhicule
(suspension rigide) et l'absorbtion des irrégularités de la route (suspension flexible).

2.2.4 Méthodes semi-actives

Contrairement aux suspensions passives dont les composantes ont une raideur et un amortissement constant, les suspensions semi-actives ont l'avantage de pouvoir changer leur
raideur et leur amortissement dans le but de minimiser les vibrations structurales transmises au châssis.

À la base, les méthodes semi-actives sont utilisées sur les suspensions automobiles dans
le but d'apporter un confort vibratoire aux passagers mais leur capacité à changer les
paramètres intrinsèques de la suspension (raideur et amortissement) leurs permettent de
dissiper les vibrations structurales injectées par les irrégularités de la route qui sont responsables du rayonnement acoustique à l'intérieur de la cabine.

Les méthodes semi-actives ont une faible consommation d'énergie [Li et Gruver, 1998]
et ont l'avantage d'être stables [O'Neill et Wale, 1994] puisqu'elles n'introduisent pas de

l'énergie sur la suspension. Cependant, ces méthodes sont seulement efficaces en dessous de 100 Hz à cause de leur faible temps de réponse [Choi et Han, 2003; Yoshida *et al.*, 2003].

2.2.5   Méthodes actives

Contrairement aux méthode semi-actives qui dissipent les vibrations sans injecter de l'énergie sur le système, les méthode actives utilisent des sources de contrôle dans le but de réduire le bruit (acoustique ou vibratoire) en injectant sur le système une énergie de contrôle. Les méthodes actives peuvent être classées en deux catégories :

- Contrôle actif acoustique (Active Noise Control - ANC)

- Contrôle actif vibratoire du rayonnement acoustique (Active Structural Acoustic Control - ASAC)

Contrôle actif acoustique

Faire du bruit pour tuer un autre bruit, c'est un peu le principe des systèmes ANC. Cette méthode de réduction de bruit consiste en effet à superposer l'onde acoustique du bruit avec une onde acoustique d'anti-bruit ou de contrôle dans le but de créer un champ acoustique résultant nul en un point [Nelson et Elliot, 1992]. Bien que cette technique de réduction de bruit soit connue depuis les années trente (brevetée par Paul Lueg en 1936), son application n'a été rendu possible qu'à partir des années soixante-dix avec la production de microprocesseurs de plus en plus puissants.

La littérature est riche de travaux concernant le développement de systèmes ANC pour la réduction du bruit dans divers domaines [Kuo et Morgan, 1996] : transport (avions, véhicules ...), industriel (ventilateurs, conduits d'air, cheminées, transformateurs ...), électroménagers (climatiseurs, réfrigérateurs ...).

Dans le domaine automobile et plus spécialement pour la réduction du bruit de roulement, plusieurs travaux utilisant les systèmes ANC sont présentées dans la littérature. Quelques exemples sont donnés dans cette section.

Les travaux de [Bernhard, 1995] et [Sano *et al.*, 1995] montrent que l'utilisation d'un système ANC composé de haut-parleurs et de microphones à l'intérieur de la cabine permet de réduire le bruit de roulement à l'intérieur de la cabine. D'un autre côté, les travaux de [Dehandschutter et Sas, 1999] ont permis d'évaluer les performances d'un système ANC sur un véhicule. Le système ANC est constitué de 4 microphones d'erreur et 4 haut-parleurs pour contrôler les ondes acoustiques du bruit de roulement en utilisant un accéléromètre tri-axes fixé sur l'axe de chaque roue comme capteur de référence. Les tests sur route montrent leurs meilleurs résultats de réduction du bruit de roulement est de 10.2 dB aux microphones d'erreur entre 75 et 105 Hz.

Les travaux de [Dehandschutter et Sas, 1999] mettent en évidence les limites des systèmes ANC pour la réduction du bruit de roulement à l'intérieur de la cabine automobile. En effet, bien que que la réduction aux microphones d'erreur soit considérable, le confort acoustique ne se trouve pas amélioré à cause de la redistribution du champ acoustique à l'intérieur de la cabine. Les systèmes ANC créent des réductions du bruit localisées aux microphones d'erreur et le champ acoustique risque d'être amplifié ailleurs.

Contrôle actif vibratoire du rayonnement acoustique

Contrairement aux systèmes ANC qui agissent directement sur les ondes acoustiques, le contrôle actif vibratoire du rayonnement acoustique (ASAC) consiste à agir sur les vibrations structurales dans le but de minimiser leur rayonnement en modifiant le comportement vibratoire de la structure ou bien en bloquant les chemins de transmission vibratoires. Comme le bruit de roulement est essentiellement transmis à la cabine par des vibrations structurales, contrôler ces dernières avant leur rayonnement produit une réduction globale (contrairement aux systèmes ANC) du bruit de roulement à l'intérieur de la cabine.

Pour réduire le bruit à l'intérieur d'une cabine automobile, [Kim *et al.*, 1999] proposent un système ASAC composé d'actionneurs piézoélectriques et des capteurs PVDF (PolyViny-liDene Fluoride) fixés sur la structure. Cette technique présente des résultats appréciables sur la réduction du bruit. Cependant le nombre d'actionneurs et de capteurs mis en oeuvre est considérable.

L'autre approche des systèmes ASAC consiste à mettre en oeuvre un ou plusieurs actionneurs de contrôle sur les chemins de transmission primaire de la suspension, le plus proche possible de la source de bruit. Cette approche est avantageuse puisqu'elle permet de réduire les vibrations structurales injectées sur la suspension par les irrégularités de la route avant leur propagation vers le châssis puis leur rayonnement à l'intérieur de la cabine offrant ainsi une réduction globale du bruit de roulement. D'un autre côté, le nombre d'actionneur de contrôle se trouve réduit puisque les chemins de transmission des vibrations structurales du bruit de roulement sont moins nombreux et moins complexes que ceux sur la structure de l'automobile. Ceci suggère que le contrôle actif vibratoire sur la suspension est la meilleure approche pour une réduction globale du bruit de roulement. Cette approche fera l'objet des travaux présentés dans cette thèse.

La prochaine section vise à explorer les suspensions actives existantes ainsi que les techniques de contrôle actif employées.

2.3 Suspensions actives

Le contrôle actif d'une suspension consiste à injecter une force de contrôle par un action-neur de contrôle qui peut être placé soit en série soit en parallèle avec les composantes de la suspension. Dans le but d'envoyer la commande adéquate à un ou plusieurs actionneurs de contrôle pour réduire le bruit, les techniques de contrôle actif sont employées. Dans des ouvrages de référence sur le contrôle actif des vibrations [Fuller *et al.*, 1996], sur le contrôle actif acoustique [Nelson et Elliot, 1992] et sur le traitement du signal en contrôle actif [Elliott, 2001], les techniques du contrôle actif peuvent être classées en deux grandes familles : contrôle par rétroaction (feedback) et contrôle par anticipation (feedforward).

Dans la suite, on propose de classer les suspensions actives selon la technique du contrôle (rétroaction/anticipation) puis suivant le type des actionneurs de contrôle utilisés.

2.3.1 Techniques de contrôle

Contrôle par rétroaction

La Figure 2.3 illustre le principe de base du contrôle actif par rétroaction.

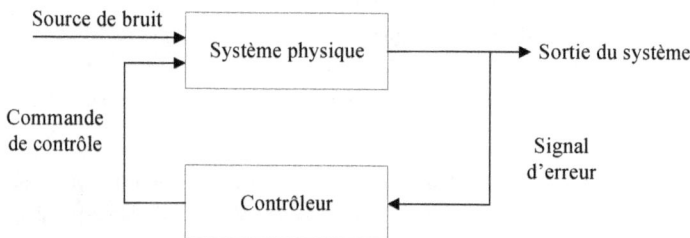

Figure 2.3   Principe de base d'un contrôle actif par rétroaction

Le contrôle actif par rétroaction résulte uniquement du traitement d'un signal d'erreur. En effet, le signal d'erreur est filtré par un contrôleur pour déterminer la commande des actionneurs de contrôle qui agissent sur le système physique dans le but de minimiser le signal d'erreur (la boucle est fermée).

Le contrôle actif par rétroaction a l'avantage d'être simple de principe et qui ne néces-site pas une grande puissance de calcul vu la nature recursive des filtres de contrôle. En contre-partie, en pratique et plus particulièrement sur un système aussi complexe qu'une suspension automobile, la conception d'un contrôleur robuste est très difficile à mettre en oeuvre. En effet, il faut porter une attention particulière à la position des pôles pour assurer la stabilité du contrôle par rétroaction en tenant compte du bruit de mesure du signal d'erreur et des incertitudes dans l'identification du système physique ainsi que son évolution dans le temps. Plusieurs techniques sont employées pour améliorer la stabilité du contrôle actif par anticipation qui ne seront pas détaillées dans cette présentation et qui font l'objet d'un autre volet du projet AUTO21 visant à concevoir un contrôleur robuste pour le contrôle du bruit de roulement sur les automobiles [Li *et al.*, 2009; Roumy, 2003].

Contrôle par anticipation

La Figure 2.4 illustre le principe de base du contrôle actif par anticipation.

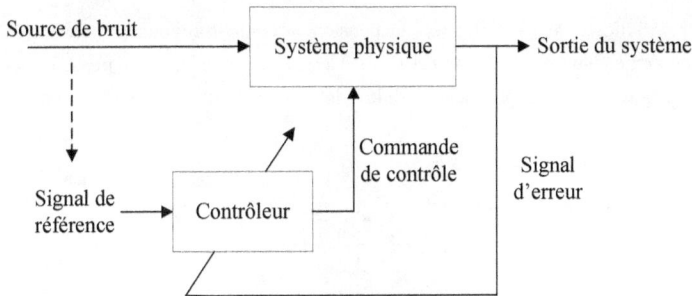

Figure 2.4   Principe de base d'un contrôle actif par anticipation adaptatif

Le contrôle actif par anticipation résulte du traitement d'un signal de référence mesuré en amont des actionneurs de contrôle sur le système physique. Ainsi, l'action du contrôle est anticipée par le contrôleur. D'un autre côté, le contrôleur observe la sortie du système physique de manière à rafraîchir ses paramètres internes pour s'adapter aux changements du comportement du système à contrôler. L'avantage de ce type de contrôle réside dans sa robustesse et la possibilité d'identifier les chemins de transmission sur le système physique sans avoir à les modéliser.

L'inconvenient principal du contrôle par anticipation est la nécessite d'une référence avancée qui soit cohérente avec le signal d'erreur, ce qui n'est pas évident pour le contrôle du bruit de roulement sur les véhicules. Cependant, le travaux de [Dehandschutter et Sas, 1999] montrent que la mesure des accélérations (suivant les trois directions) sur l'axe de la roue offre un signal de référence cohérent avec la pression acoustique à l'intérieur du véhicule.

Dans ces travaux de thèse, la performance des différentes configurations de contrôle du bruit de roulement sera présentée en contrôle optimal qui sera détaillé dans le Chapitre 6. Quant à la mise en oeuvre expérimentale du contrôle, elle sera réalisée avec un contrôleur par anticipation en utilisant la mesure de la force injectée sur l'axe de la roue pour produire les irrégularités de la route comme signal de référence. En pratique, cette mesure de force n'est pas possible mais elle sera utilisée dans ces travaux dans le but de normaliser les forces de contrôle.

2.3.2   Suspensions actives

Suspension active hydraulique

La Figure 2.5 illustre le principe d'une suspension active hydraulique qui consiste en l'ajout d'une deuxième chambre dans l'amortisseur. Cette deuxième chambre permet d'ajuster la pression du fluide dans la première chambre de l'amortisseur à l'aide d'une pompe.

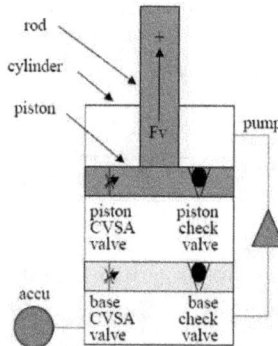

Figure 2.5   Amortisseur hydraulique actif [Lauwerys *et al.*, 2005a]

Un banc de test constitué d'une suspension automobile utilisant l'amortisseur hydraulique actif a été développé par [Lauwerys *et al.*, 2005a]. Une masse qui représente le poids d'un quart de véhicule a été fixée sur l'extrémité de l'amortisseur. Cette masse est guidée dans son déplacement vertical grâce à une liaison à glissière avec un support rigide. L'excitation primaire de la route est injectée par un vérin hydraulique sur le pneu. Le contrôle actif du déplacement vertical de la masse montre des réductions pouvant atteindre 6 dB en dessous de 20 Hz apportant ainsi un confort vibratoire à l'intérieur du véhicule. Cependant, le système hydraulique est limitée en fréquence et ne peut pas être utiliser pour améliorer la qualité acoustique à l'intérieur de la cabine à cause du temps de réponse des valves et de la pompe hydraulique.

Suspension active électro-dynamique

Dans le cadre de ce projet AUTO21, un banc de test a été développé par [Douville, 2003]. Ce banc de test est constitué d'une suspension de type McPherson qui provient d'un véhicule *Ford Countour 1999* montée sur un bâti rigide. l'excitation primaire de route est injectée par un pot vibrant électro-dynamique attaché sur l'axe de la roue par l'intermédiaire d'une tige équipé d'un capteur de force de référence. Les différents points d'ancrage de la suspension avec le bâti sont également équipés de capteurs de force permettant de mesurer les forces transmises. Les mesures expérimentales sur la suspension ont permis de caractériser les chemins de transmission primaire du bruit de roulement par l'utilisation des taux de transmissibilité vibratoires entre 0 et 250 Hz. L'analyse de ces taux de transmissibilité montrent que pour une excitation primaire verticale sur l'axe de la roue, la majorité des vibrations transmises par la suspension sont suivant l'axe vertical. Une contribution sera apportée au Chapitre 5 en généralisant les taux de transmissibilité sur la suspension pour une excitation primaire tri-axes qui est plus representative des excitations de route. L'analyse des taux de transmissibilité sera également réalisée sur la suspension avant côté conducteur du *Buick Century* et permettra non seulement de déterminer les chemins vibratoires dominants mais aussi d'évaluer la contribution des vibrations transmises par chacun des points d'ancrage de la suspension à la pression acoustique à l'intérieur du véhicule.

Pour réduire les forces verticales transmises par la suspension sur le banc de test, Douville a utilisé un deuxième pot vibrant électro-dynamique pour injecter une force de contrôle au milieu de la table de suspension (voir Figure 2.6). Les fonctions de transfert secondaires entre la force de contrôle et les forces transmises par la suspension aux différents points d'ancrage ont été obtenues expérimentalement puis ont été utilisées dans un algorithme de contrôle optimal.

Figure 2.6   Suspension active électro-dynamique [Douville, 2003]

Les résultats de contrôle optimal montrent des réduction dépassant 3 dB des forces verticales transmises par la suspension en dessous de 250 Hz. Cependant, dans ces travaux, l'actionneur de contrôle n'a pas été fixé sur la suspension. En pratique, l'utilisation d'un pot vibrant électro-dynamique comme actionneur de contrôle nécessite la fixation de ce dernier sur la suspension créant ainsi d'autres chemins de transmission. L'utilisation d'un pot vibrant électro-dynamique se trouve désavantageuse parce que, d'une part, elle nécessite une nouvelle conception de la suspension pour fixer l'actionneur et, d'autre part, la mise en oeuvre du contrôle devient complexe puisqu'il faut tenir compte des nouveaux chemins de transmission créés.

Suspension active inertielle

Une suspension inertielle utilise des actionneurs inertiels comme actionneurs de contrôle. Le fonctionnement d'un actionneur inertiel illustré sur la Figure 2.7 est basé sur le principe qu'une masse suspendue à un corps crée sur ce dernier des forces de réaction. Un actionneur inertiel est constitué d'un stator aimanté et d'une masse mobile équipée d'une bobine électrique. Initialement, la masse est centrée à l'aide d'un ressort de rappel. Lors d'un passage d'un courant électrique dans la bobine, le champ magnétique créé fait mouvoir la masse et la dynamique de cette dernière produit une force sur le stator. Lorsque l'actionneur est fixé sur une structure, la dynamique de la masse mobile permet d'injecter une force d'excitation sur cette dernière en fonction du courant d'alimentation de la bobine. Les actionneurs inertiels ont l'avantage d'être placés en parallèle avec le système à contrôler et donc, ils n'introduisent pas de nouveaux chemins de transfert.

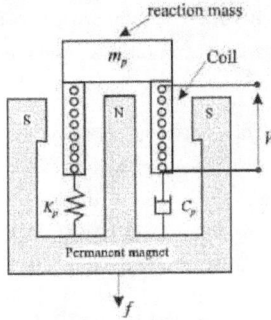

Figure 2.7   Principe d'un actionneur inertiel [Micromega Dynamics sa, 2010]

Dehandschutter et al [Dehandschutter et Sas, 1998, 1999; Dehandschutter *et al.*, 1995b,a]
ont utilisé des actionneurs inertiels sur un véhicule pour le contrôle actif vibratoire du bruit
de roulement. La Figure 2.8 illustre le montage ASAC mis en oeuvre qui est constitué de :

- Un accéléromètre tri-axes de référence fixé sur l'axe de roue du véhicule.

- Quatre microphones d'erreur à l'intérieur de la cabine.

- Six actionneurs inertiels (1 actionneur par suspension arrière et 2 actionneurs par
  suspension avant)

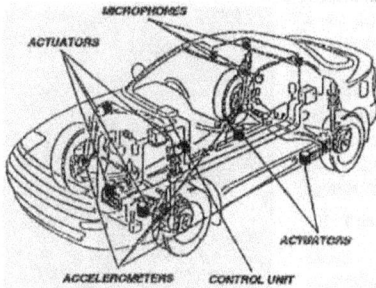

Figure 2.8   Montage ASAC pour la réduction du bruit de roulement en utilisant
des actionneurs inertiels [Dehandschutter et Sas, 1999]

La configuration des actionneurs inertiels de contrôle a été obtenue en comparant l'impact
sur la pression acoustique de plusieurs positions possibles d'actionneurs de contrôle. Le
montage de contrôle actif a été ensuite évalué sur route en utilisant un contrôleur adaptatif par anticipation. Les résultats des expériences montrent une réduction du bruit de

roulement de 6.1 dB entre 75 et 105 Hz. Cette limitation en fréquence de la réduction du bruit de roulement s'explique par la saturation des actionneurs de contrôle qui n'étaient pas capables de fournir les forces de contrôle nécessaires.

Dans ces travaux de thèse, un algorithme d'optimisation de la configuration (position et orientation) des actionneurs de contrôle sera développé afin d'améliorer la performance du contrôle actif du bruit de roulement. Dans la suite, différentes stratégies de contrôle vibratoire, déportée et acoustique seront explorées afin d'évaluer les performances de chaque approche sur la qualité acoustique à l'intérieur du véhicule.

CHAPITRE 3

MONTAGES EXPÉRIMENTAUX

Dans le but de caractériser les chemins vibro-acoustiques du bruit de roulement et de concevoir une solution de contrôle actif, plusieurs travaux de recherche se sont orientées vers la modélisation analytique ou numérique de la suspension et du châssis automobile [Douville, 2003; Choquette, 2006; Lauwerys *et al.*, 2005b; Yoshimura *et al.*, 2001]. La modélisation d'un tel système non homogène et complexe est un défi en soi et souvent des hypothèses simplificatrices sont posées, limitant ainsi la capacité de ces modèles à reproduire le comportement vibro-acoustique réel de la suspension automobile.

Dans le but de construire un modèle qui reproduit fidèlement le comportement vibro-acoustique d'une suspension automobile, il a plutôt été choisi, dans le cadre de ce projet, de réaliser deux montages. Le premier montage a été réalisé sur un banc de test. Quant au deuxième, il a été réalisé sur un véhicule *Buick Century 2000*. Ces deux montages ont été équipés de plusieurs capteurs et actionneurs dans le but d'identifier les chemins de transfert primaires du bruit de roulement et les chemins de transfert secondaires des forces de contrôle à travers des Fonctions de Réponse en Fréquences (FRF). L'ensemble de ces différentes fonctions de transfert constituent le modèle expérimental relatif à chacun des deux systèmes (banc de test et véhicule *Buick Century 2000*). La méthodologie pour l'identification et la caractérisation de chaque système par des FRFs aboutissant aux modèles expérimentaux sera détaillée dans ce chapitre.

3.1 Description des montages

3.1.1 Banc de test

Dans le but de reproduire le comportement vibratoire d'une suspension, un banc de test a été mis en oeuvre dans notre laboratoire. Ce banc de test est composé essentiellement d'une suspension de type McPherson qui provient d'un véhicule *Ford Countour 1999* et d'un bâti rigide sur lequel la suspension a été fixée avec une charge statique de 3.3 kN qui représente approximativement le quart du poids d'un véhicule (plus de détails du banc de test sont présentées par [Douville, 2003; Douville *et al.*, 2006] . Idéalement, le bâti devrait reproduire le comportement vibratoire d'un châssis automobile. En installant la suspension sur un corps d'impédance infinie, son comportement vibratoire devient différent de son comportement réel quand cette dernière est couplée à un châssis. Cependant, comme le bâti assure une liaison d'encastrement pour les différents points d'ancrage de la suspension, le comportement vibratoire réel de la suspension pourrait être déterminé en utilisant une approche par mobilité sur une suspension en conditions réelles de fonctionnement [Kim et Brennan, 1999]. Les conditions d'encastrement aux différents points d'ancrage de la suspension sont assurées par une impédance mécanique quasi-infini du bâti en dessous de sa première fréquence propre estimée à 255 Hz. Le banc de test permet ainsi de caractériser le comportement vibratoire de la suspension encastrée sur la bande fréquentielle 0-250 Hz.

Dans le but de mesurer les forces transmises par chaque point d'ancrage au bâti, plusieurs capteurs de force ont été installés sur le banc de test :

1. L'extrémité de l'amortisseur (BH) a été équipée de 3 capteurs de force uni-axiaux (Brüel and Kjaer 8200) afin de mesurer les forces transmises suivant toutes les directions par l'amortisseur au bâti.

2. Chaque point d'ancrage $(B_{11}, B_{12}, B_{21}$ et $B_{22})$ de la table de suspension a été équipé d'un capteur de force tri-axes (ICP PCB 260A01) afin de mesurer les forces transmises suivant toutes les directions par chaque coussinet de la table de suspension au bâti (voir Figure 3.1 (b)).

(a) Excitation primaire utilisant le pot vibrant. Configuration pour une excitation primaire suivant l'axe Y

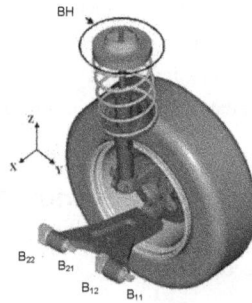

(b) Localisation des capteurs de force B_{11}, B_{12}, B_{21},B_{22} et BH indiquent les positions des capteurs de force installés aux points d'ancrage entre la suspension et le bâti

Figure 3.1   Banc de test

Pour la suite, le point de mesure de force en un point d'ancrage portera l'indice m quant à la direction de la mesure elle portera l'indice k. Ainsi F_{mk} est la mesure de force transmise au bâti au point d'ancrage m (BH, B_{11}, B_{12}, B_{21} ou B_{22}) suivant la direction k (X : direction latérale, Y : direction longitudinale ou Z : direction verticale).

3.1.2 Véhicule

Le *Buick Century 2000* instrumenté dans notre laboratoire est un véhicule de type ber-line équipé de quatre suspensions de type McPherson (voir Figure 3.3 (a)). Les deux suspensions avant S_1 et S_2 sont conçues avec une table de suspension fixée d'un côté au porte-fusée de chaque roue par l'intermédiaire d'une rotule et de l'autre côté fixée au châssis par l'intermédiaire de deux coussinets en élastomère (B_1 et B_2). Les deux suspensions arrière (S_3 et S_4) sont conçues différemment : trois barres stabilisatrices sont fixées d'un côté au châssis et de l'autre côté au porte-fusée de chaque roue par l'intermédiaire d'un coussinet en élastomère.

Les quatre suspensions sont indépendantes. Cependant, les deux suspensions avant et les deux suspensions arrière sont respectivement liées par une barre anti-roulis qui assure une connexion souple entre les composants gauche et droite de chaque train (avant/arrière) dans le but de limiter la rotation de la cabine autour de son axe longitudinal.

Mesure du champ acoustique à l'intérieur de la cabine

Afin de mesurer le champ acoustique, huit microphones (PCB ICP 130D10) ont été installés à l'intérieur de la cabine : deux microphones par tête de passager comme illustré sur la Figure 3.2. Cette disposition des microphones offre l'avantage de couvrir une bonne partie de l'espace à l'intérieur de la cabine permettant ainsi d'étudier la réception du bruit par tous les passagers.

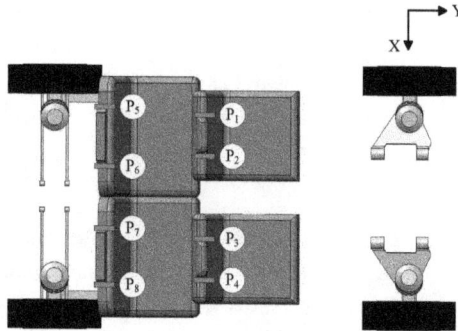

Figure 3.2   Localisation des 8 microphones : 2 microphones par tête de passager.
P_1 et P_2 étant les mesures de pression acoustique au niveau des oreilles du
conducteur

Pour la suite, le point de mesure de la pression acoustique d'un microphone à l'intérieur
de la cabine portera l'indice j ($j = 1$ à 8).

Mesures des vibrations transmises au châssis

Contrairement au banc de test qui permet de caractériser les chemins vibratoires sur une
suspension encastrée, le montage expérimental réalisé sur le véhicule permet de caractériser
les chemins vibratoires sur chaque suspension dans des conditions réelles de couplage avec
le châssis. Dans le but de mesurer les vibrations transmises par chaque point d'ancrage des
suspensions au châssis, chacune des quatre suspensions a été équipée par des accéléromètres
tri-axes (voir Figure 3.3) :

1. L'extrémité de chaque amortisseur (BH) de chacune des quatre suspensions a été
   équipé d'un accéléromètre tri-axes (PCB ICP 356A11) afin de mesurer les accélérations transmises suivant toutes les directions par l'amortisseur au châssis.

2. Chaque point d'ancrage (B1 et B2) de la table de chacune des deux suspensions
   avant a été équipé d'un accéléromètre tri-axes (Endevco 65-10) afin de mesurer les
   accélérations transmises suivant toutes les directions par les coussinets au châssis.

3. Chaque point d'ancrage (B1 et B2) des barres stabilisatrices de chacune des deux
   suspensions arrière a été équipé d'un accéléromètre tri-axes (Endevco 65-10) afin de

mesurer les accélérations transmises suivant toutes les directions par les coussinets au châssis.

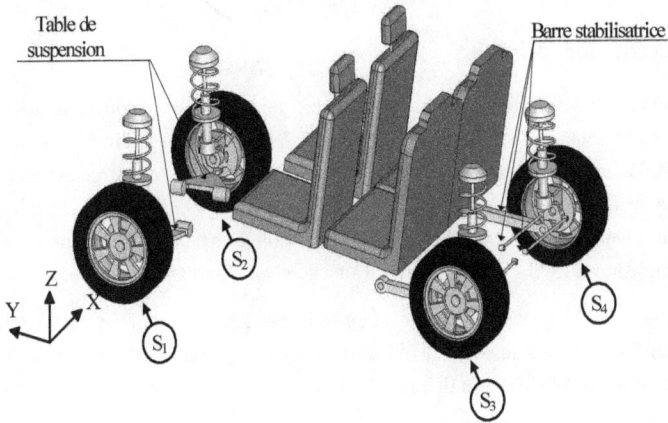

(a) Vue isométrique du véhicule instrumenté : S_1 et S_2 sont les suspensions avants (S_1 est la suspension coté conducteur), S_3 et S_4 sont les suspensions arrières

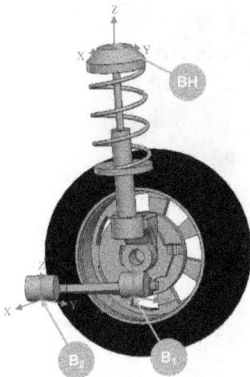

(b) Positions des accéléromètres sur la suspension avant S_1

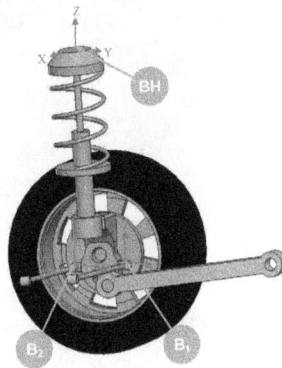

(c) Positions des accéléromètres sur la suspension arrière S_4

Figure 3.3   Positions des accéléromètres tri-axes utilisés pour la détermination des chemins vibratoires sur chaque suspension. B_1, B_2 et BH indiquent les positions des accéléromètres installés aux différents points d'ancrage entre la suspension et le châssis

Pour la suite, tout comme sur le banc de test, le point mesure de l'accélération en un point d'ancrage portera l'indice m quant à la direction de la mesure elle portera l'indice k. Ainsi a_{mk} est la mesure de l'accélération au point d'ancrage m (BH, B_1 ou B_2) suivant la direction k (X, Y ou Z).

3.1.3   Excitation primaire

Afin de produire l'excitation vibratoire qui contribue au bruit de roulement, un pot vibrant Brüel and Kjaer 4809 a été utilisé sur chacun des deux montages (voir Figure 3.1 (a) et Figure 3.4) . Des pièces intermédiaires rigides ont été fabriquées et installées sur l'axe de chaque roue permettant ainsi de fixer le pot vibrant et d'injecter l'excitation primaire sur chaque roue suivant les trois directions. La reproduction du bruit de roulement en utilisant cette configuration d'excitation primaire sera évaluée au Chapitre 4.

Le pot vibrant a été fixé sur l'axe de chaque roue par l'intermédiaire d'une tige flexible (pour limiter les moments injectée sur l'axe de le roue) équipée d'un capteur de force de référence (ICP PCB 208C04) afin de produire une référence pour les fonctions de transfert primaires.

Figure 3.4   Montage expérimental pour la mesure des FRFs primaires. Configuration pour une excitation primaire injectée suivant l'axe Y

Pour le banc de test et le véhicule, l'excitation primaire injectée sur l'axe de la roue portera l'indice $n = 1$ et l pour indiquer sa direction. Ainsi, F_{1l} est la mesure de la force primaire injectée sur l'axe d'une roue suivant la direction l (X, Y ou Z).

3.1.4   Forces de contrôle (excitation secondaire)

Pour caractériser les fonctions de transfert secondaires, un actionneur inertiel (ADD, Micromega Dynamics) a été installé en différents points sur chaque montage par l'intermédiaire d'une pièce d'attache qui permet de fixer l'actionneur suivant chaque direction (voir Figure 3.5) . Afin de produire une référence pour les fonctions de transfert secondaires, chaque actionneur a été fixé sur la pièce d'attache par l'intermédiaire d'un capteur de force permettant ainsi de déterminer les fonctions de transfert secondaires entre la force injectée et les différents capteurs d'erreur installés (capteurs de force installés aux points d'ancrage suspension/bâti pour le banc de test et accéléromètres installés aux points d'ancrage suspension/châssis et microphones à l'intérieur de la cabine pour le montage réalisé sur le véhicule).

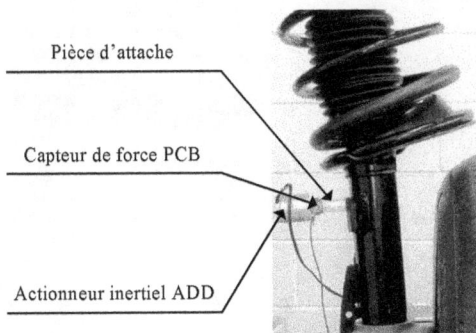

Figure 3.5   Montage expérimental pour la mesure des FRFs secondaires

Les positions d'excitation secondaire ont été choisies en fonction de l'espace disponible pour fixer l'actionneur inertiel. Ce choix est en lui même une contrainte de positionnement des actionneurs de contrôle satisfaisant ainsi une condition physique de leurs emplacements sur les suspensions. L'ensemble de ces positions constituent l'espace de toutes les positions possibles des actionneurs pour le contrôle actif. Un sous-ensemble de ces positions sera retenue pour la configuration de contrôle en utilisant des outils d'optimisation qui seront présentées au Chapitre 6.

Positions de l'excitation secondaire sur le banc de test

Les douze positions d'excitation secondaire sur le banc de test sont illustrées sur la Figure 3.6 :

- Les positions 2, 3, 4, 5 et 13 sont respectivement sur les points d'ancrage B_{11}, B_{12}, B_{21} et B_{22} et BH ;

- Les positions 6, 7 et 8 sont sur la table de suspension ;

- Les positions 9, 10 et 11 sont sur le porte-fusée à proximité de l'axe de la roue ;

- La position 12 est sur l'amortisseur en amont du ressort ;

Ces positions auront comme indice n ($n = 1$ pour une excitation primaire sur l'axe de la roue et $n \geq 2$ pour une excitation secondaire).

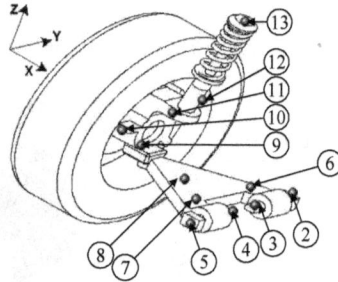

Figure 3.6   Positions d'excitation secondaire choisies sur le banc de test

Positions de l'excitation secondaire sur le véhicule

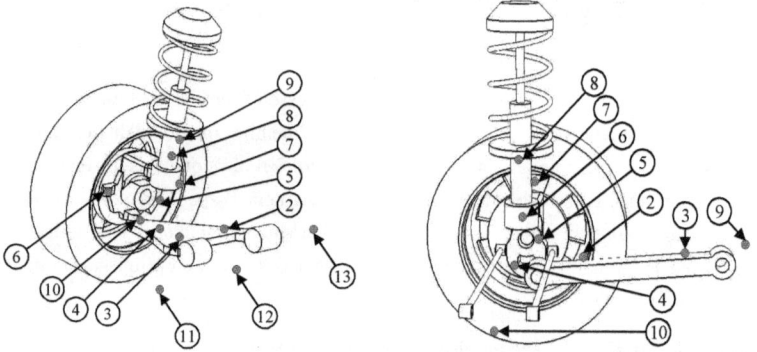

(a) Positions d'excitation secondaire sur les roues avant

(b) Positions d'excitation secondaire sur les roues arrière

Figure 3.7   Positions d'excitation secondaire choisies sur le véhicule

Les positions d'excitation secondaire sur le véhicule ont été choisies d'une façon symétrique entre les suspensions avant (S_1 et S_2) et entre les suspensions arrière (S_3 et S_4).

Pour S_1 et S_2, huit positions ont été choisies sur chacune des deux suspensions en amont des capteurs d'accélération. Trois autres positions, ont été choisies sur le châssis en aval des accéléromètres (voir Figure 3.7 (a)) :

- Les positions 2, 3 et 4 sont sur la table de suspension ;

- Les positions 5, 6, 7 et 10 sont sur le porte-fusée ;

- Les positions 8 et 9 sont sur l'amortisseur en amont du ressort ;

- Les positions 11, 12 et 13 sont sur le châssis ;

Pour S_3 et S_4, quatre positions ont été choisies sur chacune des deux suspensions en amont des capteurs d'accélération. Quatre autres positions, ont été choisies sur le châssis et sur le bras stabilisateur en aval des accéléromètres(voir Figure 3.7 (b)) :

- Les positions 2 et 3 sont sur le bras stabilisateur ;

- Les positions 4, 5 et 6 sont sur le porte-fusée ;

- Les positions 7 et 8 sont sur l'amortisseur en amont du ressort ;

- Les positions 9 et 10 sont sur le châssis ;

Tout comme sur le banc de test, les positions de l'excitation secondaire sur chacune des quatre suspensions porteront l'indice n et l'indice l pour indiquer la direction de l'excitation.

3.1.5 Configuration matérielle du montage expérimental

Afin de caractériser les chemins vibratoires primaires et secondaires sur le banc de test, plusieurs capteurs et appareils électroniques ont été utilisés. La Figure 3.8 illustre le schéma bloc de la configuration matérielle du montage expérimental réalisé sur le banc de test.

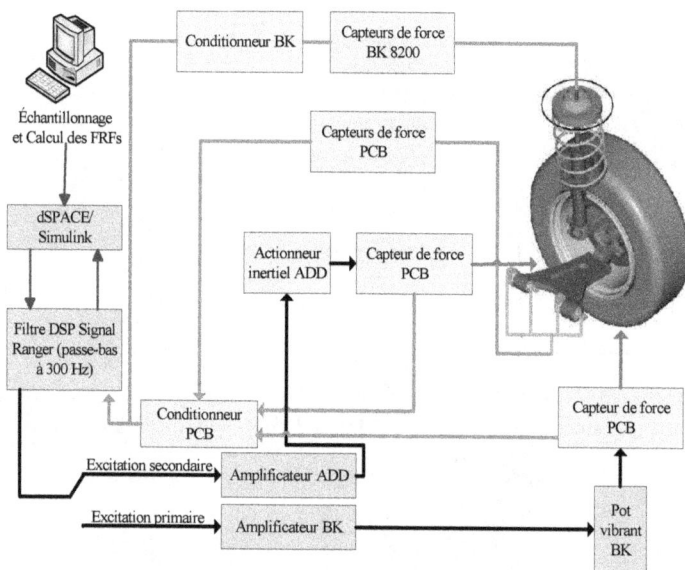

Figure 3.8   Schéma bloc du montage expérimental réalisé sur le banc de test pour la caractérisation des FRFs primaires et secondaires

La configuration matérielle du montage expérimental réalisée sur le véhicule illustrée sur la Figure 3.9 est légèrement différente de celle réalisée sur le banc de test. En effet, au lieu de caractériser le comportement vibratoire de la suspension par la mesures des forces transmises, le comportement vibratoire de chaque suspension du véhicule est caractérisé par la mesure des accélérations aux points d'ancrage. De plus, par rapport au banc de test, on dispose d'une information supplémentaire qui est la mesure de la pression acoustique à l'intérieur de la cabine du véhicule.

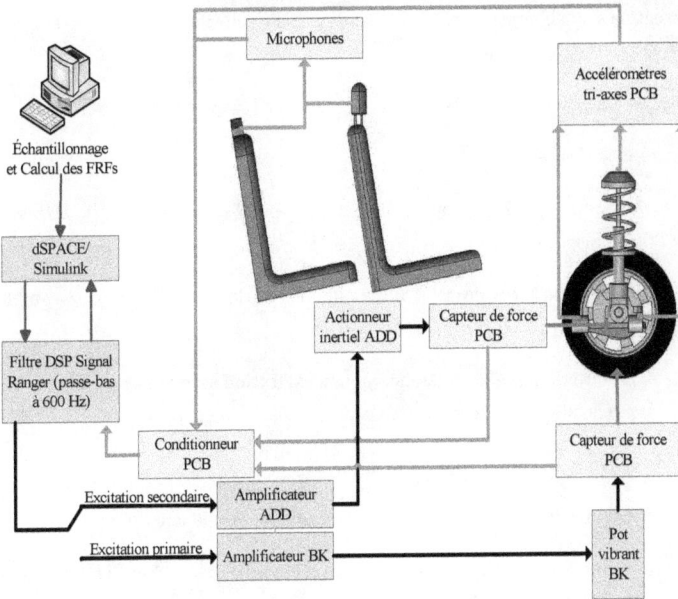

Figure 3.9   Illustration en diagramme bloc du montage expérimental réalisé sur le véhicule pour la caractérisation des FRFs primaires et secondaires

La plate-forme dSPACE/Simulink permet de générer un signal d'excitation (primaire ou secondaire) qui est filtré par un filtre numérique (Signal Ranger) passe-bas dont la fréquence de coupure a été fixée à 300 Hz sur le banc de test afin de respecter la condition de quasi-infinité de l'impédance du bâti. Sur le montage expérimental du véhicule, la fréquence de coupure du filtre passe-bas a été fixée à 600 Hz permettant ainsi de couvrir la totalité de la plage fréquentielle sur laquelle il sera démontré au Chapitre 4 que le bruit de roulement est critique.

Le signal d'excitation filtré est ensuite amplifié par un amplificateur de puissance BK pour injecter le bruit primaire avec le pot vibrant et RACK-02-1N de Micromega pour injecter le bruit secondaire avec l'actionneur inertiel ADD. Les signaux mesurés par les différents capteurs (force, accélération et pression acoustique) sont acheminés aux conditionneurs PCB ICP afin de convertir la charge fournie par chacun des capteurs en tension (à l'exception des signaux de force à l'extrémité de l'amortisseur (BH) sur le banc de test mesurées par des capteurs de charge qui sont acheminés à des conditionneurs de charge BK 2635). Les signaux ainsi obtenus sont à leur tour filtrés par le filtre anti-repliement avant qu'ils

soient enregistrés sur la station avec une fréquence d'échantillonnage de 1 kHz sur le banc
de test et de 2 kHz sur le véhicule.

Les montages expérimentaux ainsi conçus permettent l'acquisition temporelle de :

1. Sur le banc de test :

   - 15 mesures de force aux points d'ancrage B_{11},B_{12},B_{21},B_{22} et BH suivant 3
     directions.

   - 1 mesure de force de référence pour l'excitation primaire injectée sur l'axe de
     la roue suivant la direction désirée.

   - 1 mesure de force de référence pour l'excitation secondaire injectée à une posi-
     tion choisie sur la suspension suivant la direction désirée.

2. Sur le véhicule :

   - 8 mesures de pression acoustique à l'intérieur de la cabine.

   - 9 mesures d'accélération aux points d'ancrage $B1$, $B2$ et BH de chaque sus-
     pension suivant les 3 directions.

   - 1 mesure de force de référence pour l'excitation primaire injectée sur l'axe de
     la roue choisie suivant la direction désirée.

   - 1 mesure de force de référence pour l'excitation secondaire injectée à une posi-
     tion choisie sur le véhicule suivant la direction désirée.

Un traitement des signaux adéquat est ensuite effectué sur l'ensemble de ces mesures afin
de caractériser les FRFs primaires et secondaires sur chacun des deux montages.

3.2   Méthodologie de l'identification des FRFs

Rappelons que l'objectif des mesures expérimentales sur le banc de test et sur le véhicule
est de caractériser les chemins de transfert primaires et secondaires. Les montages expérimentaux ainsi conçus permettent l'acquisition de différents signaux temporels qui peuvent
être classés en deux catégories :

   - Les signaux d'entrée : ce sont les signaux mesurés par les différents capteurs de
     référence situés en amont des chemins à identifier.

- Les signaux de sortie : ce sont les signaux mesurés par les capteurs de force sur le banc de test et par les accéléromètres aux différents points d'ancrage et les microphones sur le véhicule.

Les relations qui lient les sorties aux entrées permettent de modéliser physiquement les chemins de transfert à travers des FRFs qui sont quantifiées en utilisant les outils d'analyse spectrale.

La modélisation vibro-acoustique suggère un système MIMO (Multiple Input/Multiple Output). Cependant, sous l'hypothèse de la linéarité des systèmes étudiés, chaque chemin de transfert entre une entrée et une sortie peut être représenté par un système SISO (Single Input/Single Output) : en effet, expérimentalement, les excitations (primaires ou secondaires) ont été injectées séparément selon la direction désirée permettant ainsi de simplifier le problème et de construire par la suite le modèle complet par superposition. Le système SISO à identifier pendant une mesure expérimentale peut être représenté par le schéma bloc illustré par la Figure 3.10, où :

- $x(t)$: mesure temporelle du signal de référence pour les fonctions de transfert. Ce signal peut s'écrire comme une somme du signal idéal de la référence $u(t)$ et un bruit extérieur de mesure $b_0(t)$.

$$x(t) = u(t) + b_0(t) \qquad (3.1)$$

- $y(t)$: mesure temporelle au capteur de sortie (ou d'erreur). Le signal mesuré $y(t)$ est la somme d'une mesure idéale sans bruit $v(t)$ et d'un bruit extérieur de mesure $b_1(t)$.

$$y(t) = v(t) + b_1(t) \qquad (3.2)$$

- H_{uv} : FRF caractérisant le système linéaire entre la référence $u(t)$ et la mesure aux différents capteurs $v(t)$.

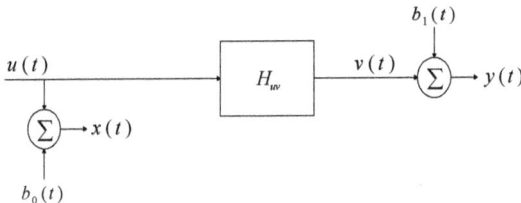

Figure 3.10 Chemin de transfert à identifier entre une excitation primaire ou secondaire et une mesure à un capteur de sortie

Pour se conformer aux hypothèses de la Transformée de Fourier Discrète (TFD), on pose les hypothèses suivantes :

Linéarité : Le système vibratoire du banc de test et le système vibro-acoustique du véhicule sont considérés comme des systèmes linéaires. En réalité, cette hypothèse est partiellement valide à cause de la présence de plusieurs phénomènes qui peuvent rendre les systèmes à caractériser non linéaires, par exemple : l'utilisation des matériaux non linéaire comme les élastomères et la présence des jeux fonctionnels sur les montages (ex. les jeux dans les rotules sur les suspensions). Une évaluation de la linéarité de chacun des deux systèmes sera présentée au Chapitre 5.

Signaux stationnaires : Le signal de référence est stationnaire avec une moyenne nulle et une autocorrelation constante. Deux types de signaux d'excitation sont utilisés pour caractériser les FRFs : le premier est un signal de type bruit blanc pour caractériser les FRFs primaires. Le deuxième est un signal de type sinus glissant pour caractériser les FRFs secondaires. Le choix de ce dernier type de signal est motivé par la limite de la force délivrée par l'actionneur inertiel (< 3 N par fréquence) utilisé pour la caractérisation des FRFs secondaires.

3.2.1 Choix de la meilleure estimation des FRFs

Pour des applications pratiques, les FRFs sont déterminées en utilisant l'estimateur H_{1uv} défini comme étant le rapport entre la densité spectrale d'interaction G_{xy} et la Densité Spectrale de Puissance (DSP) G_{xx} [Champoux, 2006].

$$H_{1uv}(f) = \frac{G_{xy}(f)}{G_{xx}(f)} \tag{3.3}$$

L'estimateur H_{1uv} offre un avantage pratique puisque le signal d'entrée est défini et le bruit sur la mesure de référence peut être réduit au maximum. Cependant, il n'y'a aucun contrôle sur le bruit de sortie.

Dans le but de déterminer les FRFs sur les deux montages avec le minimum d'erreur, la fonction cohérence définie par l'équation (3.4) sera utilisée.

$$\gamma_{uv}^2(f) = \frac{H_{1uv}(f)}{H_{2uv}(f)} \tag{3.4}$$

La cohérence indique le degré de linéarité entre l'entrée $x(t)$ et la sortie $y(t)$. Par exemple si la cohérence est de 0.40 due au bruit de sortie, alors uniquement 40 % du signal de sortie est linéairement lié au signal d'entrée. La valeur de cohérence est indépendante de nombre des moyennes effectuées sur un enregistrement, mais un grand nombre de moyennes permet d'avoir un meilleur estimé de G_{xy}. Théoriquement, avec un nombre infini de moyennes, G_{xy} sera déterminée d'une manière exacte et par conséquent H_{1uv} donne la vraie FRF.

Afin de déterminer les FRFs sur les montages expérimentaux avec une erreur acceptable (inférieure à 5 %), un nombre minimal de moyennes à effectuer est obtenu à partir de la Figure 3.11. Par exemple, si la cohérence est de 0.40, approximativement 370 moyennes sont nécessaires pour avoir une erreur normalisée inférieure à 5 % (~ 0.4 dB) sur les FRFs en utilisant l'estimateur H_{1uv}. La détermination du nombre de moyennes permet ensuite de déterminer le temps minimal requis pour l'acquisition des signaux.

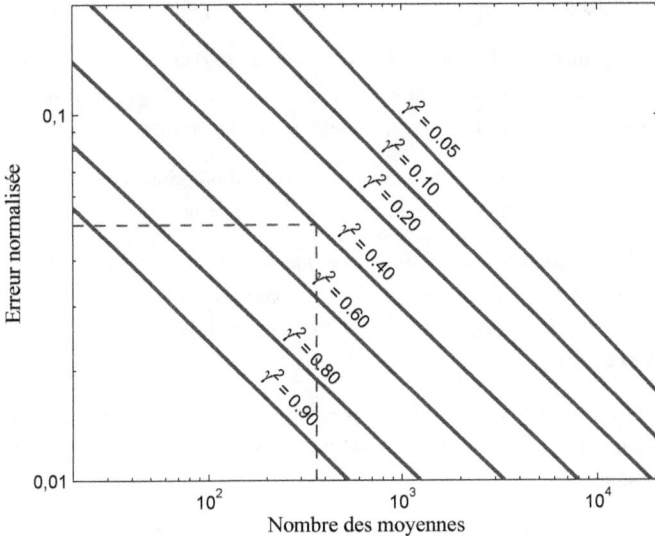

Figure 3.11   Erreur aléatoire normalisée en fonction de la cohérence et le nombre de moyennes effectuées [Bendat et Piersol, 2000]

Chaque chemin de transfert primaire et secondaire ayant été identifié avec une erreur inférieure à 5 %, le modèle expérimental de la suspension sur le banc de test et celui du véhicule *Buick Century* est construit à partir de l'ensemble des FRFs identifiées sur chacun des deux montages.

3.2.2   Construction des modèles expérimentaux

Le modèle expérimental de la suspension sur le **banc de test** est une base de données qui contient 585 FRFs :

- 45 FRFs primaires (3 directions d'excitation primaire sur l'axe de la roue × 5 capteurs de force aux différents points d'ancrage × 3 directions de mesure pour chaque capteur).

- 540 FRFs secondaires (12 positions d'excitation secondaire × 3 directions d'excitation secondaire × 5 capteurs de force aux différents points d'ancrage × 3 directions de mesure pour chaque capteur).

Le modèle expérimental du **véhicule *Buick Century*** est une base de données qui contient 2244 FRFs :

- 108 FRFs primaires vibratoires (3 directions d'excitation primaire sur l'axe de la roue × 3 capteurs d'accélération aux installés aux différents points d'ancrage de la suspension excitée × 3 directions de mesure pour chaque capteur × 4 suspensions).

- 96 FRFs primaires acoustiques (3 directions d'excitation primaire sur l'axe de la roue × 8 microphones à l'intérieur de la cabine × 4 suspensions).

- 1080 FRFs secondaires vibratoires (40 positions d'excitation secondaire réparties sur les 4 suspensions × 3 directions d'excitation secondaire × 3 capteurs d'accélération aux différents points d'ancrage de la suspension excitée × 3 directions de mesure pour chaque capteur).

- 960 FRFs secondaires acoustiques (40 positions d'excitation secondaire réparties sur les 4 suspensions × 3 directions d'excitation secondaire × 8 microphones à l'intérieur de la cabine).

Sous l'hypothèse de la linéarité des FRFs primaires et secondaires, la réponse de chaque système à une excitation primaire et/ou secondaire peut être déterminée par superposition aux capteurs de sortie.

3.3   Conclusion

Dans ce chapitre, les montages expérimentaux réalisés sur un banc de test d'une part et sur un véhicule *Buick Century* d'autre part ont été présentés ainsi que la démarche suivie pour identifier les chemins vibro-acoustiques primaires et secondaires à travers des FRFs sur chacun de ces deux montages.

La démarche pour la construction du modèle expérimental de chaque système a été construite à partir des différentes FRFs primaires et secondaires identifiées. Les modèles ainsi construits permettent de déterminer la réponse de la suspension sur le banc de test ainsi que celle du véhicule à une excitation primaire et/ou secondaire par superposition.

Ces modèles sont construits à partir des FRFs qui sont des paramètres intrinsèques aux systèmes étudiés. Dans le but de reproduire le bruit de roulement sur ces systèmes, la source du bruit de roulement reste à déterminer, ce qui fait l'objet du prochain chapitre.

CHAPITRE 4

Caractérisation du bruit de roulement

Le modèle vibro-acoustique expérimental de la suspension sur le banc de test et celui du véhicule *Buick Century* caractérisés au Chapitre 3 utilisent une force tri-dimensionnelle comme excitation primaire qui s'applique sur l'axe de la roue. Dans le but de reproduire une excitation représentative d'une route sur chacun des deux montages dans notre laboratoire, des mesures expérimentales ont été réalisées dans des conditions réelles sur un véhicule *Chevrolet Epica LS*.

4.1 Mesures expérimentales sur route

4.1.1 Montage expérimental

Les mesures expérimentales sur route ont été réalisées sur un véhicule *Chevrolet Epica LS*. Ce véhicule est une berline de taille moyenne équipée de suspensions de type McPherson qui présentent des similitudes géométriques et dimensionnelles avec la suspension du banc de test et celle du *Buick Century* instrumentées dans notre laboratoire.

Dans le but de mesurer l'excitation primaire injectée par la route et la pression acoustique, la suspension avant côté conducteur a été équipée de plusieurs accéléromètres et des microphones ont été installés à l'intérieur de la cabine. L'instrumentation du véhicule *Epica LS* ainsi que les expériences réalisées sur route seront présentées dans les prochaines sections.

Mesures vibratoires

Afin de mesurer le bruit de roulement injecté par la route, la suspension avant côté conducteur a été équipée de deux accéléromètres tri-axes ICP. Le premier accéléromètre (accéléromètre 1) a été installé à proximité du frein (voir Figure 4.1 (a)). Quant au deuxième accéléromètre (accéléromètre 2), il a été fixé à proximité de la barre de direction (voir Figure 4.1 (b)). Cette configuration des accéléromètres offre l'avantage de déterminer les six degrés de liberté de l'axe de la roue.

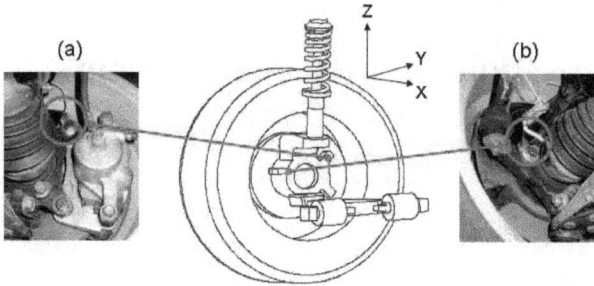

Figure 4.1 Positions des accéléromètres lors des mesures sur route. (a) accéléromètre 1 à proximité du frein. (b) accéléromètre 2 à proximité de la barre de direction

Mesures acoustiques

Pour mesurer la pression acoustique à l'intérieur de la cabine, deux microphones ICP ont été installés de part et d'autre de la tête du conducteur permettant ainsi de mesurer la pression acoustique à proximité de ses oreilles (voir Figure 4.2 (a)).

Côté passager, un mannequin équipé d'une tête acoustique a été placé (voir Figure 4.2 (b)). Ce mannequin présente des caractéristiques morphologiques similaires à un corps humain dans le but d'évaluer l'impact de ce dernier sur le champ acoustique mesuré par le microphone installé dans chacune de ses deux oreilles synthétiques.

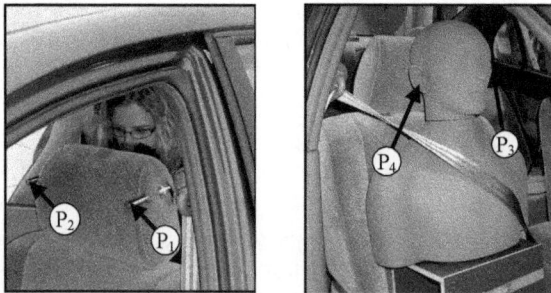

(a) Microphones au niveau de la tête du conducteur

(b) Tête acoustique occupant la place du passager

Figure 4.2 Mesures de la pression acoustique en habitacle lors des mesures sur route

Déroulement des expériences

Les tests sur route on été réalisés en novembre 2005 dans des conditions météorologiques normales (15°C avec un faible vent inférieur à 10 km/h) sur une piste fournie généreusement par *Ford Motor Company* à Windsor en Ontario. Cette piste de 1 km de long est constituée de dalles de béton dont chacun a une longueur de 5 m.

Afin de mieux mesurer le bruit de roulement, les expériences ont été réalisées dans ces conditions :

- le véhicule a été tracté dans le but d'éliminer le bruit du moteur et celui de la ventilation (voir Figure 4.3).

- le véhicule a été tracté avec une vitesse de 50 km/h dans le but de minimiser le bruit aérodynamique.

Au cours des expériences, deux personnes ont été présentes à l'intérieur du véhicule : le conducteur pour manoeuvrer le véhicule et un passager sur le siège arrière pour manipuler le système d'acquisition. La présence de ces deux personnes plus le mannequin lors des tests augmente l'absorption du bruit à l'intérieur de la cabine et offre un environnement réel pour mesurer la pression acoustique.

L'enregistrement des différentes mesures de pressions acoustiques et d'accélérations a été effectué par un système *Orchestra 01dB-Stell* avec une fréquence d'échantillonnage de 20 kHz. La durée de chaque enregistrement est limitée à 15 s en raison de la longueur de la piste et de la vitesse choisie pour réaliser les expériences.

Figure 4.3 Véhicule *Chevrolet Epica LS* tracté sur la piste de *Ford Motor Company*, Windsor, Ontario

4.1.2 Mesures sur route

Accélérations sur route

Les Figures 4.4 (a) et (b) présentent respectivement les spectres des accélérations mesurées sur route par les accéléromètres 1 et 2 suivant les trois directions. L'analyse de ces mesures révèle que l'énergie des spectres des accélérations injectées par la route est concentrée en basses fréquences (< 100 Hz). En effet, 82 %, 95 % et 99 % de l'énergie des spectres des accélérations injectées par la route respectivement suivant les axes X, Y et Z est concentrée en dessous de 100 Hz. Ceci peut s'expliquer par la présence des modes dominants en basses fréquences et plus particulièrement par [Douville, 2003] :

- les modes de la roue entre 10 et 20 Hz : Ce sont les modes rigides de rotation de la roue qui apparaissent à cause de la non-symétrie géométrique de la suspension.

- le mode de la suspension entière à 24 Hz : ce mode peut être décrit comme un déplacement vertical de la suspension avec une grande amplitude autour d'un axe fixe formé par les coussinets de la table de suspension.

- le premier mode du ressort à 37 Hz : ce mode peut être décrit comme un déplacement vertical de va-et-vient du ressort avec une grande amplitude.

D'un autre côté, en observant l'énergie des spectres des accélérations injectées par la route suivant chacune des trois directions entre 0 et 500 Hz, on constate que l'énergie des spectres des accélérations suivant l'axe Z est approximativement deux fois plus importante que celle suivant l'axe Y et seize fois plus importante que celle suivant X.

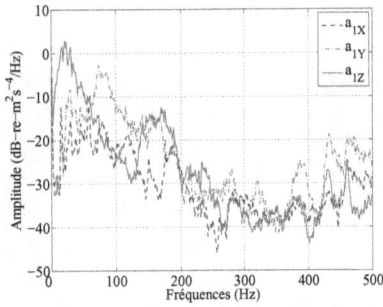

(a) DSP des accélérations mesurées par l'accélé-romètre 1 suivant les trois directions X, Y et Z

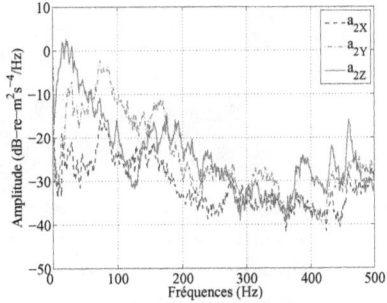

(b) DSP des accélérations mesurées par l'accélé-romètre 2 suivant les trois directions X, Y et Z

Figure 4.4   Accélérations mesurées sur route par les accéléromètres 1 et 2 ins-tallés sur la suspension avant côté conducteur du véhicule *Chevrolet Epica LS*

Niveau du bruit à l'intérieur de la cabine

Les mesures des pressions acoustiques à l'intérieur de la cabine présentées sur la Figure 4.5 montrent clairement la dominance du bruit entre 0 et et 500 Hz. Au delà de 500 Hz les éléments passifs (matériaux absorbants à l'intérieur de la cabine, élastomère utilisé dans les coussinets de la suspension ...) commencent à être efficaces pour absorber le bruit et le rendre inaudible au dessus de 4 kHz.

La différence entre les mesures des deux pressions acoustiques par les microphones au niveau de la tête du conducteur (P_1 et P_2) et les mesures des deux pressions acoustiques par la tête acoustique (P_3 et P_4) met en évidence la résonance du conduit auditif de l'oreille qui est approximée à 3 kHz pour une personne normale [Howard et Angus, 2000].

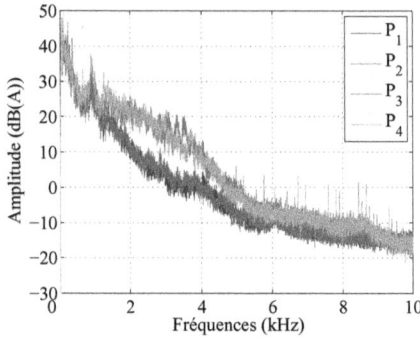

Figure 4.5   Pression acoustique à l'intérieur de la cabine

Comme les mesures de pression acoustique ont été effectuées avec un véhicule qui était tracté à 50 km/h pour minimiser à la fois le bruit aérodynamique et celui du moteur et de la ventilation, le bruit mesuré à l'intérieur de la cabine est engendré à priori par les vibrations injectées par la route sur les suspensions. Afin de vérifier la contribution de l'excitation de la route sur la pression acoustique à l'intérieur du véhicule, une étude de corrélation entre les accélérations et les pressions acoustiques mesurées sera présentée dans le paragraphe suivant.

Corrélation entre les vibrations injectées par la route et le bruit à l'intérieur de la cabine

Afin d'évaluer la corrélation entre une mesure de pression choisie P (P_1 ou P_2 ou P_3 ou P_4) et les vibrations injectées par la route sur la suspension avant côté conducteur qui sont caractérisées par la mesure de six accélérations, la fonction de cohérence multiple sera utilisée. Cette fonction utilise les matrices d'autospectre et d'interspectre entre une mesure de pression P et les six mesures d'accélération de référence.

$$\mathbf{S_{aa}} = E[\mathbf{a}(f)\mathbf{a}(f)^H] \tag{4.1}$$

$$S_{PP} = E[P(f)P(f)^H] \tag{4.2}$$

$$\mathbf{S_{a}}_P = E[\mathbf{a}(f)P(f)^H] \tag{4.3}$$

Où

- $\mathbf{a}$ est le vecteur d'accélération de référence définie comme suit : $\mathbf{a}(f) = \begin{pmatrix} a_{1X}(f) \\ a_{1Y}(f) \\ a_{1Z}(f) \\ a_{2X}(f) \\ a_{2Y}(f) \\ a_{2Z}(f) \end{pmatrix}$

- $\mathbf{S_{aa}}$ est une matrice (6×6) d'auto-spectre du vecteur d'accélération de référence.

- S_{PP} est un scalaire d'auto-spectre de la mesure de pression P choisie.

- $\mathbf{S_{a}}_P$ est un vecteur (6×1) d'inter-spectre entre le vecteur de référence $\mathbf{a}$ et la mesure de pression P.

Dans le cas particulier où une seule mesure de pression est utilisée, la fonction cohérence multiple entre la pression acoustique P et le vecteur de référence $\mathbf{a}$ est obtenue par l'équation (4.4) [Elliott, 2001].

$$\gamma_{\mathbf{a}P} = \frac{\mathbf{S}_{\mathbf{a}P}^H \mathbf{S}_{\mathbf{aa}}^{-1} \mathbf{S}_{\mathbf{a}P}}{S_{PP}} \qquad (4.4)$$

Les fonctions de cohérence multiple entre les deux mesures de pression acoustique au niveau de la tête du conducteur (P_1 et P_2) et les six accélérations mesurées sur la suspension avant gauche du véhicule *Epica LS* sont respectivement présentées sur les Figure 4.6 (a) et (b). Ces cohérences montrent qu'il existe une forte corrélation entre le bruit mesuré à l'intérieur de la cabine et les vibrations injectées par la route sur la suspension entre 0 et 500 Hz et plus particulièrement sur les bandes fréquentielles suivantes : 10-30 Hz, 130-160 Hz, 260-300 Hz, 320-370 Hz et 420-450 Hz. Comme les performances du contrôle actif par anticipation sont directement liées à la valeur de la fonction de cohérence, le contrôle pourrait être efficace sur les bandes fréquentielles identifiées. Cependant, pour réduire globalement le bruit de roulement en dessous de 500 Hz, la cohérence devrait être améliorée.

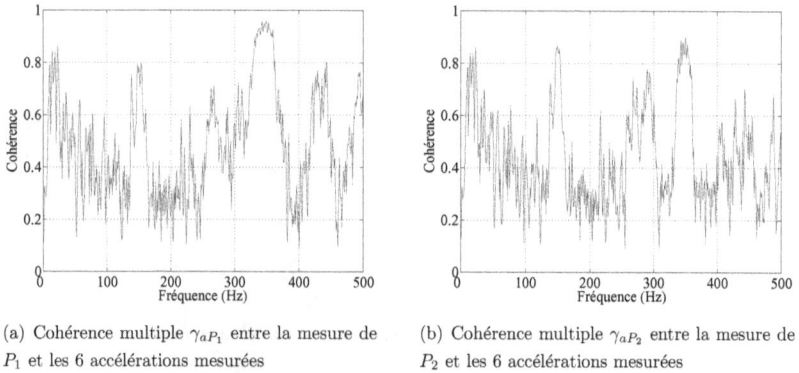

(a) Cohérence multiple γ_{aP_1} entre la mesure de P_1 et les 6 accélérations mesurées

(b) Cohérence multiple γ_{aP_2} entre la mesure de P_2 et les 6 accélérations mesurées

Figure 4.6 Fonction de cohérence multiple utilisant comme références les six mesures d'accélération à proximité de l'axe de la roue du l'*Epica LS*

Sur le véhicule *Epica LS*, une seule suspension a été équipée des accéléromètres de référence alors que les vibrations de la route sont injectées sur chacune des quatre roues. Le bruit mesurée à l'intérieur de la cabine est donc le résultat de la superposition de quatre champs acoustiques engendrés par les vibrations injectées par la route sur chaque roue. Donc, pour améliorer la cohérence, il faudrait équiper chaque roue par son propre capteur de référence. En effet, il a été démontré [Dehandschutter et Sas, 1999] que l'utilisation d'un accéléromètre tri-axes sur l'axe de chaque roue offre la meilleure configuration des capteurs de référence et améliore nettement la valeur de la cohérence. Cependant, comme les roues arrière reçoivent la même information que les roues avant mais avec un retard qui dépend uniquement de la vitesse du véhicule, seulement deux sources de bruit décorrélées restent à mesurer : soit les accélérations injectées par la route sur chacune des deux roues avant. Cette configuration des capteurs de référence devrait améliorer la valeur de la cohérence entre les vibrations injectées par la route et le bruit mesuré à l'intérieur de la cabine avec un coût raisonnable (seulement deux capteurs de référence) assurant ainsi l'efficacité d'un contrôle actif par anticipation.

4.2 Génération de la source de bruit

Sur le banc de test et sur le véhicule *Buick Century* instrumentés dans notre laboratoire, le vibrations sont injectées à l'aide d'un pot vibrant attaché sur l'axe de la roue. Dans le but de reproduire les mêmes accélérations que celles mesurées sur route, un modèle inverse a été utilisé. La source de bruit de route a été ainsi caractérisée par une force tri-dimensionnelle qui s'applique sur l'axe de la roue pour reproduire des accélérations similaires à celles mesurées sur route présentées à la section 4.1.2.

4.2.1   Reconstruction de la force excitatrice sur le banc de test

Dans le but de reconstruire les accélérations mesurées sur route, la configuration des accéléromètres utilisée sur le véhicule *Epica LS* (voir Figure 4.1 (a) et (b)) a été reproduite sur la suspension du banc de test. Une force primaire a été injectée successivement suivant les directions X, Y et Z afin de déterminer la matrice des fonctions de transfert $\mathbf{H}$ qui lie les accélérations mesurées par les accéléromètres 1 et 2 à une force primaire tri-dimensionnelle injectée sur l'axe de la roue. La relation entre la force primaire et les accélérations mesurées est présentée par l'équation (4.5).

$$\mathbf{a}(f) = \mathbf{H}(f)\widehat{\mathbf{F}}(f) \tag{4.5}$$

$$\text{Où}: \mathbf{a} = \begin{pmatrix} a_{1X} \\ a_{1Y} \\ \vdots \\ a_{2Z} \end{pmatrix} \qquad \mathbf{H} = \begin{pmatrix} H_{F_X a_{1X}} & H_{F_Y a_{1X}} & H_{F_Z a_{1X}} \\ \vdots & \vdots & \vdots \\ \vdots & \vdots & \vdots \\ H_{F_X a_{2Z}} & H_{F_Y a_{2Z}} & H_{F_Z a_{2Z}} \end{pmatrix} \qquad \widehat{\mathbf{F}} = \begin{pmatrix} \widehat{F}_X \\ \widehat{F}_Y \\ \widehat{F}_Z \end{pmatrix}$$

$\mathbf{a}$ est un vecteur (6×1) qui contient les accélérations mesurées par les accéléromètre 1 et 2 suivant les 3 directions.

$\widehat{\mathbf{F}}$ est un vecteur (3×1) qui contient les composantes de la force équivalente injectée par la route.

$\mathbf{H}$ est une matrice de transfert (6×3) qui contient les FRFs entre entre une force primaire injectée successivement suivant la direction X, Y et Z sur l'axe de la roue du banc de test et les accélérations mesurées par les accéléromètres 1 et 2 sur le banc de test (dans la même configuration que celle utilisée pour la mesure des accélérations sur route).

Donc, en utilisant les accélérations $\mathbf{a}$ mesurées dans des conditions réelles sur route et la matrices des FRFs H identifiées sur le banc de test, la force équivalente $\widehat{\mathbf{F}}$ qui reproduit sur le banc de test les accélérations mesurées sur route est obtenue par la méthode des moindres carrés :

$$\widehat{\mathbf{F}} = (\mathbf{H}^H \mathbf{H})^{-1} \mathbf{H}^H \mathbf{a} \tag{4.6}$$

Où ^{H} est l'hermitian de la matrice (matrice conjuguée et transposée).

La DSP des composantes F_X, F_Y et F_Z de la force équivalente sont présentées sur la Figure 4.7. Tout comme les spectres des accélérations mesurées sur route, les spectres des composantes de la force équivalente reconstruite montrent que leur puissance est concentrée essentiellement en basses fréquences (< 100 Hz). L'analyse de la puissance du spectre de chaque composante de la force équivalente entre 0 et 250 Hz montre que la composante de la force reconstruite suivant la direction Z est dominante avec une puissance de 1.47 kN^2 alors que les puissances des composantes F_X et F_Y sont seulement de 0.46 kN^2, 0.004 kN^2, respectivement.

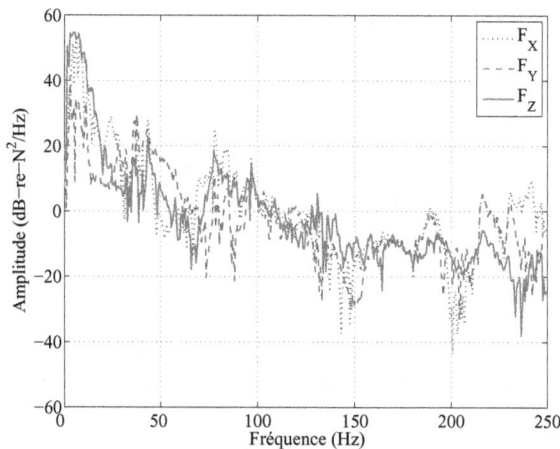

Figure 4.7   DSP des composantes F_X, F_Y et F_Z de la force équivalente injectée sur l'axe de la roue du banc de test pour reconstruire les accélérations mesurées sur route

D'un autre côté, pour évaluer la justesse de la reproduction de DSP des six accélérations mesurées sur route, on définit l'erreur de reconstruction comme suit :

$$e = \frac{\| DSP(\mathbf{a}) - DSP(\mathbf{H}\widehat{\mathbf{F}}) \|}{\| DSP(\mathbf{a}) \|} \tag{4.7}$$

L'erreur de reconstruction (voir Figure 4.8) montre que la force équivalente déterminée peut reconstruire la DSP des accélérations mesurées sur route avec une erreur moyenne de 6 % entre 0 et 250 Hz. Cette erreur peut être expliquée par le fait que les vibrations injectées par la route sur la suspension du véhicule *Epica LS* n'ont pas seulement des composantes en translation mais aussi des composantes en rotation. Donc pour reconstruire exactement les accélérations mesurées sur route, il faudrait non seulement utiliser une force tri-dimensionnelle comme excitation primaire sur l'axe de la roue du banc de test mais aussi des moments [Gu *et al.*, 2001]. Cependant comme l'erreur de reconstruction reste inférieure à 10 % sur toutes les fréquences, on peut conclure qu'une force tri-dimensionnelle appliquée sur l'axe de la roue permet de reproduire assez fidèlement le bruit injecté par la route.

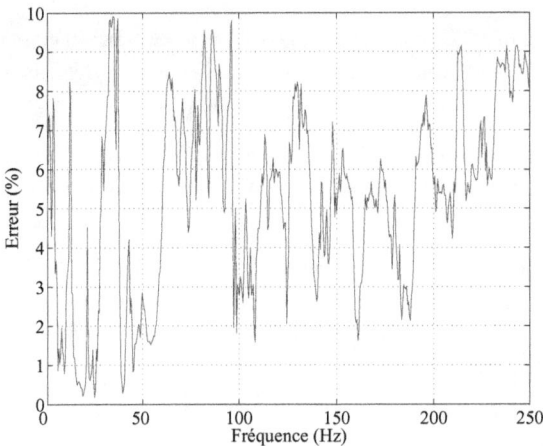

Figure 4.8   Erreur de reconstruction des DSP des accélérations mesurées sur route

4.2.2   Reconstruction de la force excitatrice sur la suspension S_1 du Buick Century

Pour reconstruire la force équivalente sur la suspension avant côté conducteur du *Buick Century*, l'approche a été différente de celle utilisée sur le banc de test. En effet, seulement les accélérations en translation de l'axe de la roue déterminées à partir des six accélérations mesurées sur route ont été reconstruites puisqu'il a été démontré sur le banc de test qu'une excitation sur l'axe de la roue ne permet pas de reproduire correctement les accélérations angulaires. Cela revient donc à déterminer une force tri-dimensionnelle appliquée sur l'axe de la roue qui reproduit les mêmes accélérations en translation de l'axe de la roue déterminées à partir des mesures effectuées sur route. La formulation du problème pour reconstruire la force équivalente sur la suspension S_1 du *Buick Century* demeure la même que celle pour reconstruire la force équivalente sur le banc de test en utilisant le vecteur a et la matrice H définis par l'équation (4.8).

$$
\mathbf{a} = \begin{pmatrix} a_{tX} \\ a_{tY} \\ a_{tZ} \end{pmatrix} \qquad \mathbf{H} = \begin{pmatrix} H_{F_X a_{tX}} & H_{F_Y a_{tX}} & H_{F_Z a_{tX}} \\ H_{F_X a_{tY}} & H_{F_Y a_{tY}} & H_{F_Z a_{tY}} \\ H_{F_X a_{tZ}} & H_{F_Y a_{tZ}} & H_{F_Z a_{tZ}} \end{pmatrix} \tag{4.8}
$$

Où :

a est un vecteur (3×1) qui contient les accélérations en translation de l'axe de la roue déterminée à partir des six accélérations mesurées sur route (obtenu par une moyenne des accélérations mesurées par les accéléromètre 1 et 2) .

H est une matrice de transfert (3×3) qui contient les FRFs entre les forces primaires injectée par le pot vibrant et les accélération mesurée sur l'axe de la roue du *Buick Century*.

Le problème ainsi formulé est complètement déterminé et la force équivalente qui reproduit les accélérations en translation de route sur la suspension S_1 du *Buick Century* est déterminée d'une manière exacte. Les résultats de la DSP des composantes de la force équivalente sont présentés sur la Figure 4.9.

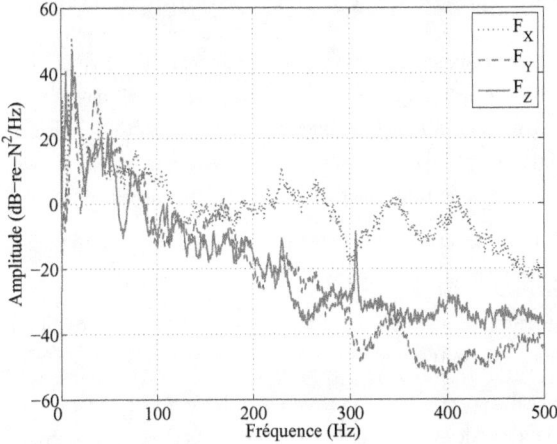

Figure 4.9   DSP des composantes F_X, F_Y et F_Z de la force équivalente injectée sur l'axe de la suspension avant côté conducteur du *Buick Century* pour
reconstruire les accélérations en translation mesurées sur route

Les spectres des composantes de la force équivalente reconstruite sur le *Buick Century*
montrent que leur puissance est toujours concentrée en basses fréquences. L'analyse de
la puissance du spectre de chaque composante de la force reconstruite entre 0 et 250 Hz
montre que la composante F_X devient dominante avec une puissance de 0.09 kN^2 alors que
la puissance des composantes F_Z et F_Y est respectivement de 0.06 kN^2 et 0.02 kN^2. En
comparant ces résultats avec ceux obtenus sur le banc de test, on constate que la puissance
nécessaire pour reconstruire les accélérations de route sur le *Buick Century* est beaucoup
plus faible que celle qu'il faut fournir sur le banc de test. Cela bien que la suspension
sur le banc de test et celle sur le Buick soient pratiquement similaires. Alors comment
peut-on expliquer cette importante différence entre les forces nécessaires sur le banc de
test et celles sur le véhicule pour reproduire les accélérations de route ? La réponse à cette
question se trouve dans les conditions limites de chacune des deux suspensions. En effet, la
suspension sur le banc de test est fixée sur un bâti rigide (impédance quasi-infinie entre 0 et
250 Hz) alors que la suspension sur le Buick Century est fixée à un châssis qui possède une
impédance finie. Donc, pour reproduire les mêmes accélérations, il faudra fournir plus de
force sur la suspension du banc de test dont les points d'ancrage sont rigidement encastrés
que sur la suspension du véhicule dont les points d'ancrage sont encastrés sur un châssis
libre.

4.2.3   Conclusion

Dans ce chapitre, les tests sur route conduits sur le véhicule *Epica LS* montrent qu'à une vitesse de 50 km/h le bruit à l'intérieur de la cabine est critique sur la bande fréquentielle 0-500 Hz. L'étude des fonction cohérence entre le bruit à l'intérieur de la cabine et les vibrations injectées par la route sur la roue révèle que la transmission solidienne est dominante dans le bruit de roulement sur la bande fréquentielle critique 0-500 Hz.

D'autre part, la reconstruction des accélérations mesurées sur route sur les deux montages instrumentés dans notre laboratoire révèle que :

- une force tri-dimensionnelle sur l'axe de la roue peut reproduire correctement les accélérations sur route.

- la puissance des spectres des forces équivalentes est concentrée en dessous de 100 Hz. Par conséquence, les forces nécessaires pour contrôler cette source de bruit en dessous de 100 Hz peuvent être considérables, impliquant des actionneurs de contrôle puissants.

- la force équivalente pour reproduire les accélérations de route sur le *Buick Century* est beaucoup plus faible que celle nécessaire sur le banc de test à cause de la rigidité du bâti.

La caractérisation de la source de bruit de roulement sur la suspension du banc de test et la suspension avant côté conducteur du *Buick Century* a permis de déterminer un paramètre extrinsèque aux systèmes étudiés. Sous l'application des forces équivalentes de route caractérisées, le comportement dans des conditions réelles des systèmes instrumentés dans notre laboratoire peut être reproduit.

Les vibrations injectées par les irrégularités de la route sur une suspension se propagent vers le châssis à travers les chemins de transmission primaire qui ont été identifiés au Chapitre 3. Le prochain chapitre propose une analyse de ces chemins de transmission sur chacun de la suspension du banc de test et la suspension avant côté conducteur du *Buick Century* dans le but de déterminer les chemins de transmission dominants du bruit de roulement.

CHAPITRE 5

Étude des chemins de transmission primaire

Les vibrations injectées par la route sur une suspension automobile se propagent à travers les points d'ancrage puis le châssis avant de rayonner à l'intérieur de la cabine. Dans ce chapitre, une analyse des chemins de transmission primaire du bruit de roulement sera menée à travers les FRFs primaires identifiées, d'une part, sur la suspension du banc de test et, d'autre part, sur la suspension avant côté conducteur du *Buick Century*. Ces deux suspensions sont de type McPherson et la transmission des vibrations à travers les points d'ancrage de ce type de suspension dépend de ses caractéristiques cinématiques. Une étude qualitative de ce type de suspension sera présentée, suivie d'une étude quantitative de la transmission des vibrations sur le banc de test et sur la suspension avant côté conducteur du *Buick Century*. Sur cette dernière, un modèle vibro-acoustique sera identifié dans le but d'observer la participation des vibrations injectées par chaque point d'ancrage au bruit à l'intérieur de la cabine.

5.1   Étude de linéarité de la suspension

L'identification des FRFs primaires et l'étude des chemins de transmission ont été élaborées sous l'hypothèse de linéarité des systèmes sur le banc de test et sur le véhicule. Dans le but d'évaluer cette hypothèse, les fonctions de cohérence entre l'entrée de chaque système (mesures de force de référence sur le banc de test et mesures de force et d'accélération de référence sur le véhicule) et ses sorties (mesures des forces transmises aux différents points d'ancrage sur le banc de test et mesures des accélérations aux différents points d'ancrage et des pressions acoustiques à l'intérieur de la cabine pour le véhicule) ont été calculées.

L'analyse des fonctions de cohérence des chemins de transmission primaires sur le banc de test montre qu'en moyenne la cohérence est supérieure à 90 % entre 20 et 250 Hz.

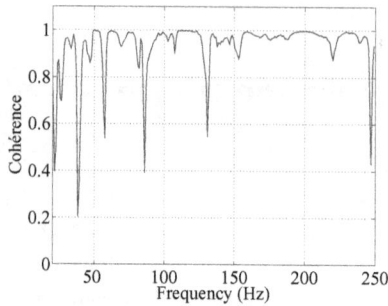

Figure 5.1   Fonction de cohérence entre la force primaire suivant Z (F_{1Z}) et la force mesurée au points d'ancrage BH suivant la direction Z (F_{BHZ}) sur le banc de test

L'analyse des fonctions de cohérence des chemins de transmission vibratoires primaires sur les quatre suspensions du véhicule montre qu'en moyenne la cohérence est supérieure à 95 % entre 20 et 500 Hz alors qu'en moyenne la cohérence est supérieure à 80 % pour les chemins de transmission acoustique. La baisse de la valeur de cohérence sur les chemins acoustiques s'explique par le bruit présent dans le laboratoire lors des mesures (ventilation, bruit extérieur venant d'une route à proximité ...). Comme ce bruit est mesuré aux capteurs de sortie (microphones), un nombre de moyennes adéquat a permis d'identifier les FRFs primaires acoustiques sur le véhicule avec une erreur inférieure à 5 % (voir Chapitre 3).

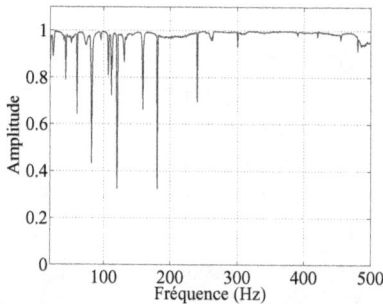

(a) Fonction de cohérence entre la force primaire suivant Z (F_{1Z}) appliquée sur l'axe de la roue de la suspension S_1 et la force mesurée au points d'ancrage BH suivant la direction Z (F_{BHZ}) sur la suspension du *Buick Century*

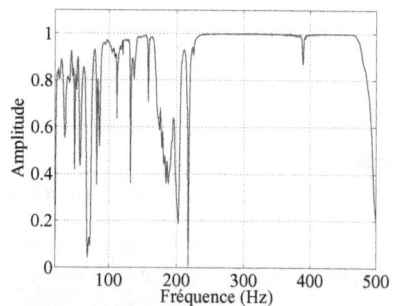

(b) Fonction de cohérence entre la force primaire suivant Z (F_{1Z}) appliquée sur l'axe de la roue de la suspension S_1 et la pression acoustique mesurée par le microphone P_1

Figure 5.2   Exemples de cohérence sur le véhicule *Buick Century*

Cette étude des fonctions de cohérence sur le banc de test et sur le véhicule montre que l'hypothèse de linéarité vis-à-vis d'une excitation primaire à la roue est raisonnable. L'étude des fonctions de cohérence sur les chemins secondaires révèle que les valeurs de cohérence sont en moyenne supérieures à 50 %. Ceci s'explique par la faible énergie injectée par l'actionneur inertiel utilisé pour l'identification des FRFs secondaires. Dans ces conditions, le rapport signal/bruit aux différents capteurs de sortie sur les deux montages est faible, causant une chute de la valeur de cohérence. Cependant, on ne peut pas affirmer que les systèmes sont linéaires vis-à-vis les chemins secondaires. Ici, on fait l'hypothèse que les systèmes sont linéaires vis-à-vis les chemins secondaires et que la baisse de cohérence est seulement causée par un bruit de mesures aux capteurs de sortie. Dans ces conditions, un nombre adéquat de moyennes a permis d'identifier les FRFs secondaires sur les deux montages avec une erreur inférieure à 5 % (voir Chapitre 3).

5.2 Cinématique d'une suspension de type McPherson

La cinématique d'une suspension de type McPherson est liée étroitement à ses angles caractéristiques présentés sur la Figure 5.3 :

- L'angle de carrossage (camber) est défini comme l'angle entre le plan médian de la roue et le plan perpendiculaire au sol. Le rôle de cet angle est de maintenir le pneu perpendiculaire au sol lorsque le véhicule prend du roulis.

- L'angle de chasse (caster) est défini comme l'angle entre l'axe vertical perpendiculaire au sol et l'axe du pivot de la direction. Le rôle de cet angle et d'assurer la stabilité directionnelle du véhicule et de faciliter le rappel des roues en ligne droite.

- L'angle du parallélisme est défini comme l'angle entre le plan médian de la roue et le plan longitudinal du véhicule. Le rôle de cet angle est d'assurer la stabilité du véhicule.

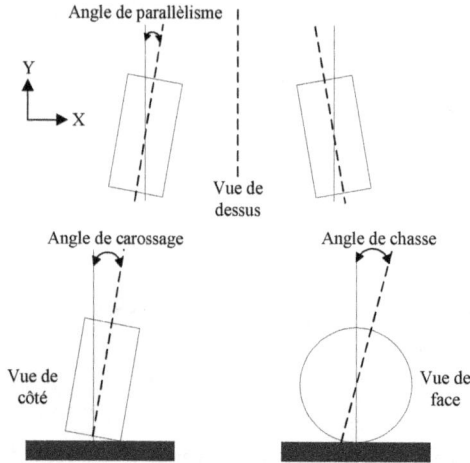

Figure 5.3   Angles caractéristiques d'une suspension de type McPherson

Les angles caractéristiques de la suspension McPherson jouent un rôle important sur le comportement du véhicule sur route et sont choisis par le concepteur selon l'usage du véhicule. Ces angles jouent également un rôle important dans la transmission du bruit de roulement à travers les points d'ancrage de la suspension. En effet, pour une excitation unidirectionnelle sur l'axe de la roue, on peut observer que les vibrations sont transmises suivant les trois directions aux différents points d'ancrage de la suspension au châssis. Pour expliquer ceci, nous allons analyser qualitativement la transmission des vibrations suivant chaque direction pour une excitation primaire appliquée sur l'axe de la roue successivement suivant X, Y et Z en fonction des angles caractéristiques d'une suspension McPherson (angle de carrossage, angle de chasse, angle de parallélisme).

Transmission suivant la direction X : La transmission des vibrations suivant l'axe X s'explique par la cinématique de la suspension. Plus précisément,

- une excitation primaire appliquée sur l'axe de la roue suivant l'axe X crée un mouvement de tension/compression suivant l'axe X de l'ensemble de la suspension et un mouvement de rotation autour des axes Y et Z qui dépendent essentiellement de l'angle de carrossage et de l'angle parallélisme. La projection de ces mouvements de rotation est un mouvement de tension/compression sur tous les points d'ancrage de la suspension suivant la direction X.

- une excitation primaire appliquée sur l'axe de la roue suivant l'axe Y crée un mouvement de rotation autour de l'axe Z. Ce mouvement de rotation dépend essentiellement de l'angle de parallélisme de la roue et dont la projection est un mouvement de tension/compression suivant l'axe X particulièrement sur les points d'ancrage de la table de suspension.

- une excitation primaire appliquée sur l'axe de la roue suivant l'axe Z crée un mouvement de rotation autour de l'axe Y. Ce mouvement de rotation dépend essentiellement de l'angle de carrossage et dont la projection est un mouvement de tension/compression suivant l'axe X sur tous les points d'ancrage de la suspension.

Transmission suivant la direction Y : La transmission des vibrations suivant l'axe Y s'explique par la cinématique de la suspension. Plus précisément,

- une excitation primaire appliquée sur l'axe de la roue suivant l'axe X crée un mouvement de rotation autour de l'axe Z. Ce mouvement de rotation dépend essentiellement du parallélisme de la roue et dont la projection est un mouvement de tension/compression suivant l'axe Y sur tous les points d'ancrage de la suspension.

- une excitation primaire appliquée sur l'axe de la roue suivant l'axe Y crée un mouvement de tension/compression suivant l'axe Y de l'ensemble de la suspension et un mouvement de rotation autour des axes X et Z qui dépendent essentiellement de l'angle de chasse et de l'angle de parallélisme. La projection de ces mouvements de rotation est un mouvement de tension/compression sur tous les points d'ancrage de la suspension suivant la direction Y.

- une excitation primaire appliquée sur l'axe de la roue suivant l'axe Z crée un mouvement de rotation autour de l'axe X. Ce mouvement de rotation dépend essentiellement de l'angle de chasse et dont la projection est un mouvement de tension/compression suivant l'axe Y sur tous les points d'ancrage de la suspension.

Transmission suivant la direction Z : La transmission des vibrations suivant l'axe Z s'explique par la cinématique de la suspension. Plus précisément,

- une excitation primaire appliquée sur l'axe de la roue suivant l'axe X crée un mouvement de rotation autour de l'axe Y. Ce mouvement de rotation dépend essentiellement de l'angle de carrossage et dont la projection est un mouvement de tension/compression suivant l'axe Z sur tous les points d'ancrage de la suspension particulièrement sur l'extrémité de l'amortisseur (BH).

- une excitation primaire appliquée sur l'axe de la roue suivant l'axe Y crée un mouvement de rotation autour de l'axe X. Ce mouvement de rotation dépend essentiellement de l'angle de chasse et dont la projection est un mouvement de tension/compression suivant l'axe Z particulièrement sur les points d'ancrage de la table de suspension.

- une excitation primaire appliquée sur l'axe de la roue suivant l'axe Z crée un mouvement de tension/compression suivant l'axe Z de l'ensemble de la suspension et un mouvement de rotation autour des axes X et Y qui dépendent essentiellement de l'angle de carrossage et de l'angle de chasse. La projection de ces mouvements de rotation est un mouvement de tension/compression sur tous les points d'ancrage de la suspension suivant la direction Z.

Donc, physiquement, une suspension de type McPherson convertit en fonction de ses angles caractéristiques toute excitation primaire sur l'axe de la roue suivant une direction donnée en vibrations tri-dimensionnelles qui sont transmises aux points d'ancrage.

5.3   Taux de transmissibilité

Pour étudier les chemins de transmission primaire sur la suspension du banc de test et sur la suspension avant coté conducteur du *Buick Century* (S_1), on définit le taux de transmissibilité τ_{mkl} comme étant l'intégrale fréquentielle de la norme quadratique de la fonction de transfert H_{1lmk} entre la mesure en force de l'excitation primaire appliquée sur l'axe de la roue suivant la direction l et la mesure des vibrations transmises (mesure de force sur le banc de test et mesure d'accélération sur le véhicule) au point d'ancrage m suivant la direction k. Cette intégrale est ensuite normalisée par la largeur de bande f_1-f_0. Le taux de transmissibilité ainsi défini par l'équation (5.1) est un paramètre indépendant de l'amplitude de l'excitation primaire et donc intrinsèque à la suspension. Physiquement, ce taux représente le potentiel de transmission de la suspension d'une excitation primaire suivant la direction l vers le point d'ancrage m suivant la direction k.

$$\tau_{mkl} = \frac{1}{f_1 - f_0} \int_{f_0}^{f_1} \|H_{1lmk}\|^2 df \qquad (5.1)$$

Afin d'étudier la transmissibilité de la suspension suivant une direction de transmission k pour une excitation primaire suivant l, on définit le taux de transmissibilité τ_{kl} comme étant la somme des τ_{mkl} sur tous les points d'ancrage m.

$$\tau_{kl} = \sum_m \tau_{mkl} \tag{5.2}$$

Dans le but d'observer la participation aux vibrations totales transmises en chaque point d'ancrage m suivant une direction donnée l, on définit τ'_{mkl} comme étant le taux de transmissibilité τ_{mkl} normalisé par rapport à la transmissibilité totale de la suspension.

$$\tau'_{mkl} = \frac{\tau_{mkl}}{\sum_{m,k} \tau_{mkl}} \tag{5.3}$$

De même, on définit τ'_{kl} comme étant la participation aux vibrations transmises de tous les points d'ancrage suivant la direction k pour une excitation primaire suivant la direction l :

$$\tau'_{kl} = \sum_m \tau'_{mkl} \tag{5.4}$$

Les taux de transmissibilité ainsi définis sont des paramètres propres à chaque système. Cependant, la comparaison entre les taux de transmissibilité sur le banc de test et les taux de transmissibilité sur la suspension avant côté conducteur sur le véhicule n'est pas possible même si les deux suspensions sont de même type et présentent des similarités dans la conception et les dimensions et cela pour les raisons suivantes :

- Les taux de transmissibilité sur le banc de test sont déterminés à partir des FRFs primaires force/force tandis que les taux de transmissibilité sur le véhicule sont déterminés à partir des FRFs primaires force/accélération. Par conséquent, dans le premier cas, les taux de transmissibilité indiquent la capacité du banc de test à convertir une force d'excitation primaire en forces transmises au bâti. Sur le véhicule, les taux de transmissibilité indiquent la capacité de la suspension à convertir une force d'excitation primaire en accélérations transmises au châssis.

- Sur le banc de test, la suspension est montée sur un bâti rigide d'impédance infinie. Ceci rend son comportement dynamique différent de celui d'une suspension couplée à un châssis qui possède une impédance finie.

- Les bornes d'intégration sur le banc de test sont $f_0 = 20$ Hz et $f_1 = 250$ Hz dans le but de respecter la rigidité quasi-infinie du bâti tandis que sur le véhicule les bornes d'intégration sont $f_0 = 20$ Hz et $f_1 = 500$ Hz dans le but de couvrir une bande fréquentielle sur laquelle il a été démontré que le bruit de roulement est dominant à l'intérieur de la cabine.

Les résultats des taux de transmissibilité seront donc présentés et analysés, dans la suite, pour chaque système.

5.4 Étude des chemins primaires sur le banc de test

L'analyse détaillée des chemins de transmission primaire sur le banc de test est présentée dans l'Annexe A.

D'après l'Annexe A et le Tableau récapitulatif 5.1, la suspension sur le banc de test transmet au bâti 35.51 % de l'excitation primaire suivant l'axe Z alors qu'elle ne transmet que 21.22 % de l'excitation suivant l'axe Y et 19.95 % de l'excitation suivant l'axe X. Ces résultats affirment que la suspension est plus perméable à une excitation suivant l'axe Z que suivant les deux autres directions.

Tableau 5.1   Tableau récapitulatif des taux de transmissibilité sur la suspension du banc de test. l est la direction de l'excitation sur l'axe de la roue et k la direction de transmission de la suspension

		$k = X$	$k = Y$	$k = Z$	somme
$l = X$	τ_{kl}	8.64 %	1.75 %	9.56 %	19.95%
	τ'_{kl}	43.28 %	8.79 %	47.93 %	100%
$l = Y$	τ_{kl}	6.98 %	5.14 %	9.10 %	21.22%
	τ'_{kl}	31.94 %	23.46 %	44.60 %	100%
$l = Z$	τ_{kl}	12.49 %	4.28 %	18.74 %	35.51%
	τ'_{kl}	35.18 %	12.06 %	52.76 %	100%

D'un autre côté, l'analyse des chemins de transmission montre que quelle que soit la direction de l'excitation, les vibrations sont transmises majoritairement au bâti par la table de suspension. Cependant, pour une excitation suivant l'axe Z, la transmissibilité de l'extrémité de l'amortisseur BH devient dominante suivant l'axe Z.

En observant les taux de transmissibilité de la suspension (τ'_{kl}) sur le Tableau 5.1, on remarque que quelle que soit la direction de l'excitation primaire, la dynamique de la suspension fait que la majorité des vibrations sont transmises suivant l'axe Z puis suivant l'axe X et en dernier suivant l'axe Y. Cette constatation tend à généraliser en 3 dimensions des résultats précédents obtenus sur le banc de test par [Douville *et al.*, 2006] pour une excitation primaire uni-axiale suivant l'axe Z. Cette étude précédente a montré que pour une excitation verticale sur l'axe de la roue, 56.5 % de la puissance transmise au bâti est suivant l'axe Z alors que 34.3 % de la puissance transmise est suivant l'axe X et 9.2 % de la puissance transmise est suivant l'axe Y. Ces résultats sont en accord avec les résultats présentés à la dernière ligne du Tableau 5.1.

5.5 Étude des chemins primaires sur le véhicule

L'analyse détaillée des chemins de transmission vibratoire primaire sur la suspension S_1 du véhicule est présentée dans l'Annexe B.

La détermination d'un modèle vibro-acoustique qui lie les accélérations transmises au châssis à la pression acoustique l'intérieur de la cabine permettra dans la suite d'étudier l'impact de chaque accélération transmise au châssis sur la pression acoustique rayonnée à l'intérieur de l'habitacle.

5.5.1 Identification des chemins de transmission vibro-acoustique

Sur le véhicule, on dispose à la fois des chemins vibratoires et des chemins acoustiques. Afin de construire un modèle vibro-acoustique associé à la suspension S_1, les relations entre les accélérations transmises au châssis a_{mk} à travers chaque point d'ancrage m suivant chaque direction k et les pressions acoustiques P_j (j : 1 à 8) sont considérées linéaires et peuvent s'écrire comme suit :

$$\mathbf{H}^{va}\mathbf{a} = \mathbf{P} \qquad (5.5)$$

où :

$\mathbf{H}^{va}$: matrice (8×9) des FRFs vibro-acoustiques entre les accélérations a_{mk} et les pressions acoustiques P_j. $\mathbf{H}^{va}$ est donc une matrice qui contient 72 composantes à chaque fréquence qui seront notées H^{va}_{mkj}.

$\mathbf{a}$: vecteur (9×1) qui contient les accélérations transmises au châssis a_{mk}.

$\mathbf{P}$: vecteur (8×1) qui contient les pressions acoustiques P_j.

L'objectif est donc de déterminer les 72 inconnues de la matrice $\mathbf{H}^{va}$ à chaque fréquence entre f_0=20 Hz et f_1=500 Hz. Pour résoudre ce problème linéaire un minimum de 72 équations est requis. Le modèle expérimental de la suspension offre 240 équations à chaque fréquence (1 position d'excitation primaire $\times$ 3 directions $\times$ 8 mesures de pression +

9 positions d'excitations secondaires sur la suspension × 3 directions × 8 mesures de pression). Le problème peut donc se formuler comme suit :

$$\mathbf{H}^{va}\mathbf{A} = \mathbf{B}$$ (5.6)

où :

$\mathbf{A}$: est une matrice (9 × 30) qui contient les accélérations a_{nlmk}. Chaque colonne de cette matrice étant le vecteur des accélérations aux différents points d'ancrage pour une excitation en n suivant la direction l.

$\mathbf{B}$: est une matrice (8 × 30) qui contient les pressions acoustiques P_{nlj}. Chaque colonne de cette matrice étant le vecteur des 8 pressions pour une excitation en n suivant la direction l.

Le problème ainsi formulé peut être résolu en utilisant la méthode des moindres carrées. Le modèle vibro-acoustique est donc déterminé en utilisant l'équation (5.7).

$$\mathbf{H}^{va} = \mathbf{B}\mathbf{A}^H(\mathbf{A}\mathbf{A}^H)^{-1}$$ (5.7)

Afin d'évaluer la justesse de ce modèle, l'erreur relative de reconstruction à chaque fréquence peut être définie comme étant le rapport entre la norme quadratique des résidus et la norme quadratique de la matrice $\mathbf{B}$ qu'on cherche à reconstruire.

$$e = \frac{\parallel \mathbf{A}\mathbf{H}^{va} - \mathbf{B} \parallel}{\parallel \mathbf{B} \parallel}$$ (5.8)

L'erreur de reconstruction présentée sur la Figure 5.4 montre que le modèle vibro-acoustique associé à la suspension S_1 commet une erreur moyenne inférieure à 10 % ($\sim$ 1 dB) sur la reconstruction des amplitudes des pressions acoustiques entre 20 et 500 Hz. Cette erreur peut être expliquée, d'une part, par une erreur expérimentale sur la caractérisation des différentes FRFs du modèle expérimental (< 5 %) et, d'autre part, et en grande partie, par le fait que les excitations primaires ou secondaires produites sur la suspension ne se transmettent pas au châssis uniquement par les points d'ancrage B_1, B_2 et BH. En effet, une partie des vibrations peut se transmettre au châssis par d'autres points d'ancrages qui n'ont pas été équipés de capteurs (barre de torsion, barre de transmission ...) causant une erreur sur la reconstruction des pressions acoustiques par le modèle vibro-acoustique en amplitude et en phase.

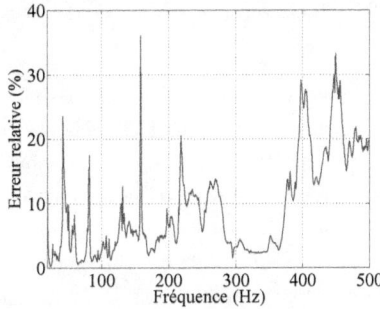

Figure 5.4   Erreur relative de reconstruction des pressions acoustiques par le modèle vibro-acoustique de la suspension S_1

5.5.2   Analyse des chemins de transmission vibro-acoustique

La détermination du modèle vibro-acoustique de la suspension S_1 va permettre dans la suite d'étudier les chemins de transmission vibro-acoustique à travers les taux de transmissibilité C_{mkl} qui sont définis par l'équation (5.9).

$$C_{mkl} = \frac{1}{f_1 - f_0} \sum_{j=1}^{8} \int_{f_0}^{f_1} \| H_{1lmk} \|^2 \times \| H_{mkj}^{va} \|^2 \, df \qquad (5.9)$$

Physiquement, le taux de transmissibilité vibro-acoustique C_{mkl} exprime la somme des carrées des pressions acoustiques mesurées par les 8 microphones à l'intérieur de la cabine qui sont engendrées par l'accélération du point d'ancrage m suivant la direction k et cela pour une excitation primaire suivant l. Ce taux de transmissibilité s'exprime en Pa^2N^{-2}.

Pour une excitation primaire suivant une direction l donnée et en normalisant les taux C_{mkl} par rapport à la transmissibilité de tous les points d'ancrage suivant toutes les directions, on obtient les taux de transmissibilité C'_{mkl} définis par l'équation (5.10). Le taux C'_{mkl} ainsi défini exprime la participation de l'accélération mesurée au point d'ancrage m suivant la direction k pour une excitation primaire suivant l à la pression acoustique sur tous les microphones.

$$C'_{mkl} = \frac{C_{mkl}}{\sum_m \sum_k C_{mkl}} \qquad (5.10)$$

Les taux de transmissibilité vibro-acoustique C_{mkl} et C'_{mkl} sont présentés au Tableau 5.2. L'analyse de ces résultats révèle que :

- pour une excitation primaire suivant l'axe $l = X$, les vibrations transmises par le point d'ancrage B_2 contribuent à plus que 43 % de la pression rayonnée à l'intérieur de la cabine entre 20 et 500 Hz dont 24.6 % est attribuée seulement à la propagation des vibrations suivant l'axe X en ce même point d'ancrage. Quant au point d'ancrage BH, il contribue à plus que 38.2 % de la pression acoustique dont 26.6 % est attribuée seulement à la propagation des vibrations suivant l'axe Y en ce même point d'ancrage. Les vibrations transmises par le point d'ancrage B_1 ne contribuent qu'à 19.4 % de la pression acoustique.

- pour une excitation primaire suivant l'axe $l = Y$, les vibrations transmises par le point d'ancrage BH contribuent à 43 % de la pression rayonnée à l'intérieur de la cabine entre 20 et 500 Hz dont 26.9 % est attribuée seulement à la propagation des vibrations suivant l'axe X en ce même point d'ancrage. Quant au point d'ancrage B_2, il contribue à plus que 33 % de la pression acoustique dont 17.7 % est attribuée seulement à la propagation des vibrations suivant l'axe Y en ce même point d'ancrage. Les vibrations transmises par le point d'ancrage B_1 ne contribuent qu'à 23 % de la pression acoustique.

- pour une excitation primaire suivant l'axe $l = Z$, les vibrations transmises par le point d'ancrage BH contribuent à plus que 57 % de la pression rayonnée à l'intérieur de la cabine entre 20 et 500 Hz dont 26.4 % et 21.9 % sont attribuées respectivement à la propagation des vibrations suivant l'axe X et Z en ce même point d'ancrage. Quant aux points d'ancrage B_2 et B_1, ils contribuent respectivement à 24 % et 18.7 % de la pression acoustique.

Ces résultats montrent que quelle que soit la direction de l'excitation primaire, le bruit à l'intérieur de la cabine est causé majoritairement par les vibrations transmises par les points d'ancrage B_2 et BH.

D'un autre coté, en observant maintenant les taux de transmissibilité C_{mkl} et plus particulièrement la somme des C_{mkl} sur tous les points d'ancrage m et suivant toutes les direction k (dernière ligne du Tableau 5.2), on remarque que la valeur de la transmissibilité de la suspension pour une excitation primaire suivant X, Y et Z est, respectivement, 14.93 Pa²N⁻², 75.89 Pa²N⁻² et 89.68 Pa²N⁻². Ces résultats indiquent que le bruit à l'intérieur de la cabine est plus sensible à une excitation primaire verticale que suivant les deux autres directions.

Tableau 5.2 Taux de transmissibilité vibro-acoustique C_{mkl} et C'_{mkl} pour une excitation primaire suivant la direction l, au point d'ancrage m suivant la direction k. L'unité des taux C_{mkl} est Pa^2N^{-2} alors que les taux C'_{1lmk} sont sans unité

		Excitation primaire suivant la direction l					
		$l = X$		$l = Y$		$l = Z$	
		C_{mkl}	C'_{mkl}	C_{mkl}	C'_{mkl}	C_{mkl}	C'_{mkl}
$m = B_1$	$k = X$	1.52 %	10.18 %	6.91 %	9.1 %	4.6 %	5.13 %
	$k = Y$	1.29 %	8.58 %	10.25 %	13.51 %	11.82 %	13.18 %
	$k = Z$	0.09 %	0.64 %	0.47 %	0.62 %	0.35 %	0.4 %
$m = B_2$	$k = X$	3.68 %	24.68 %	9.64 %	12.7 %	10.32 %	11.51 %
	$k = Y$	2.41 %	16.12 %	13.45 %	17.72 %	8.48 %	9.46 %
	$k = Z$	0.39 %	2.67 %	2.58 %	3.41 %	2.73 %	3.05 %
$m = BH$	$k = X$	1.03 %	6.89 %	7.58 %	9.99 %	23.75 %	26.48 %
	$k = Y$	3.99 %	26.77 %	20.45 %	26.94 %	7.94 %	8.86 %
	$k = Z$	0.51 %	3.45 %	4.45 %	5.99 %	19.66 %	21.92 %
Somme		14.93%	100 %	75.89 %	100 %	89.68 %	100 %

5.5.3 Conclusion

D'après l'Annexe B et le Tableau récapitulatif 5.3, la suspension avant côté conducteur du *Buick Century* transmet plus de vibrations au châssis suivant la direction Y que suivant les deux autres directions et ce quelle que soit la direction de l'excitation primaire. D'autre part, pour une excitation primaire de 1 N^2 à toutes les fréquences entre 20 et 500 Hz respectivement suivant Y, Z et X, les différents points d'ancrage de la suspension transmettent 3.69 m^2s^{-4}, 1.62 m^2s^{-4} et 0.89 m^2s^{-4}. Ceci montre que la suspension est plus perméable à une excitation primaire suivant l'axe Y.

Tableau 5.3 Tableau récapitulatif des taux de transmissibilité sur la suspension avant côté conducteur du *Buick Century*

		$k = X$	$k = Y$	$k = Z$	somme
$l = X$	τ_{kl}	5.05 %	83.8 %	0.5 %	89.35 %
	τ'_{kl}	5.64 %	93.77 %	0.56 %	100%
$l = Y$	τ_{kl}	43.51 %	321.67 %	4.51 %	369.69 %
	τ'_{kl}	11.75 %	87.01 %	1.22 %	100%
$l = Z$	τ_{kl}	53.13 %	103.7 %	5.33 %	162.16 %
	τ'_{kl}	32.76 %	63.94 %	3.28 %	100%

La détermination d'un modèle vibro-acoustique entre les accélérations transmises par les différents points d'ancrage et la pression acoustique a permis d'analyser la contribution de chaque point d'ancrage au bruit rayonné à l'intérieur de la cabine. Cette étude a montré que quelle que soit la direction de l'excitation primaire, le bruit à l'intérieur de la cabine est majoritairement causé par les vibrations transmises par les points d'ancrage B_2 et BH. D'autre part, il a été démontré que le bruit à l'intérieur de la cabine est plus sensible à une excitation suivant Z alors que cette direction d'excitation ne transmet pas le plus de vibrations au châssis.

CHAPITRE 6

Optimisation de la configuration du contrôle

Dans le but d'optimiser la configuration des actionneurs de contrôle, plusieurs travaux se sont orientés vers la comparaison entre les FRFs primaires et les FRFs secondaires [Dehandschutter et Sas, 1999; Douville, 2003] : si les resonances des FRFs primaires sont présentes dans des FRFs secondaires alors ces dernières pourraient offrir un contrôle efficace du bruit primaire. Cette méthode peut permettre de choisir les positions des actionneurs pour la configuration de contrôle dans le cas où on dispose de plusieurs FRFs secondaires pour différentes positions. Cependant, cette façon de faire ne tient compte que des positions des actionneurs de contrôle, limitant l'espace de la recherche de la configuration optimale des actionneurs de contrôle.

Dans ce chapitre, les modèles expérimentaux de la suspension du banc de test et de la suspension avant côté conducteur du *Buick Century* seront utilisés dans le but d'optimiser la configuration des actionneurs de contrôle en position et en orientation. Pour ce faire, un outil d'optimisation sera mis en oeuvre et différentes configurations de contrôle seront traitées afin d'évaluer leur performance sur chacun des deux systèmes étudiés.

6.1 Configurations des actionneurs de contrôle

Pour mettre en oeuvre un système de contrôle sur une suspension conventionnelle, il existe deux configurations différentes des actionneurs de contrôle. La première configuration dite en série consiste à remplacer une des composantes de la suspension par un actionneur. Un exemple de suspension active avec une configuration en série est le système développé par Bose® et sur lequel l'amortisseur de la suspension conventionnelle a été remplacé par un moteur électromagnétique linéaire (Figure 6.1-a) dans le but de contrôler le déplacement vertical de l'extrémité connectée au châssis. Cette configuration nécessite de reconcevoir certaines composantes de la suspension et de considérer le nouveau chemin de transmission crée par l'autre extrémité de l'actionneur.

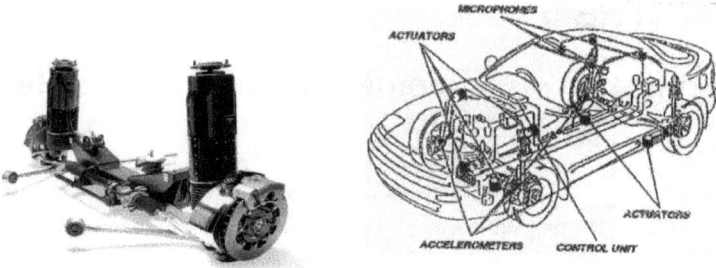

(a) Exemple de configuration en série utilisant un moteur électromagnétique [Bose Corporation, 2010]

(b) Exemple de configuration en parallèle utilisant des actionneurs inertiels [Dehandschutter et Sas, 1998]

Figure 6.1   Exemples des deux configurations possibles des actionneurs de contrôle

La deuxième configuration dite en parallèle consiste à fixer sur la suspension convention-nelle des actionneurs par l'intermédiaire d'un seul point d'attache. Un exemple de la mise en oeuvre d'une telle configuration est l'utilisation des actionneurs inertiels (6.1-b). La fixation de chaque actionneur inertiel par l'intermédiaire d'un seul point d'attache offre l'avantage de ne pas créer des chemins de transmission supplémentaires qui devraient être contrôlés à leur tour. Un deuxième avantage de taille de cette configuration réside dans sa simplicité dans la mise en oeuvre puisque aucune modification n'est nécessaire sur les composantes de la suspension conventionnelle.

La configuration en parallèle des actionneurs de contrôle a été retenue pour les avantages qu'elle offre. Dans le but d'optimiser cette configuration sur le banc de test et sur le véhicule, la théorie du contrôle optimal a été combinée avec les algorithmes génétiques.

6.1.1   Contrôle optimal

Les systèmes caractérisés par des FRFs primaires et secondaires (banc de test et le quart du véhicule) peuvent être représentés par le schéma-bloc illustré sur la Figure 6.2 pour une configuration de contrôle et une configuration des actionneurs de contrôle bien déterminées. La configuration de contrôle est choisie en sélectionnant les n_e signaux de capteurs d'erreur à minimiser et le nombre d'actionneurs n_{act} à utiliser dans cette configuration. Quant à la configuration des actionneurs de contrôle, elle est caractérisée par la position n_i et l'orientation (θ_{n_i} : angle azimut, α_{n_i} : angle d'élévation) dans les coordonnées sphériques de chaque actionneur i.

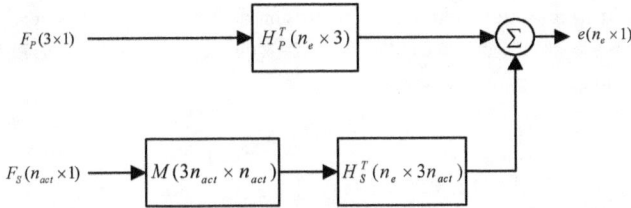

Figure 6.2   Schema-bloc de la mise en oeuvre du contrôle

Dans ces conditions, le vecteur complexe des signaux d'erreur (e) du système multi-canal ainsi caractérisé peut être défini en fonction du vecteur complexe des signaux de contrôle. Afin d'alléger la présentation, la dépendance fréquentielle est implicite dans les équations qui suivent.

$$\mathbf{e} = \mathbf{H}_p^T \mathbf{F}_p + \mathbf{H}_S^T \mathbf{M} \mathbf{F}_S \tag{6.1}$$

où :

- $\mathbf{F}_p$: est le vecteur de force d'excitation primaire appliqué sur l'axe de la roue qui contient les éléments F_{1l} (force primaire appliquée sur l'axe de la roue suivant le direction l).

- $\mathbf{H}_p$: matrice des FRFs primaires qui contient les éléments H_{1lmk} (FRF primaire entre l'excitation primaire sur l'axe de la roue suivant la direction l et l'accélération au point d'ancrage m suivant le direction k) et/ou H_{1lj} (FRF primaire entre l'excitation primaire et la pression acoustique au microphone j).

- $\mathbf{F}_S$: vecteur des forces de contrôle qui contient les valeurs complexes de la force de contrôle F_{Si} délivrée par l'actionneur i.

- $\mathbf{H}_S$: matrice des FRFs secondaires qui contient les éléments H_{n_ilmk} (FRF secondaire en coordonnées cartésiennes entre une excitation secondaires de l'actionneur i appliquée à la position n_i suivant la direction l et l'accélération au point d'ancrage m suivant la direction k) et/ou H_{n_ilj} (FRF secondaire entre l'excitation secondaire de l'actionneur i et la pression acoustique au microphone j).

- **M** : matrice de projection en coordonnées sphériques. Cette matrice s'exprime en fonction de l'orientation $(\theta_{n_i}, \alpha_{n_i})$ de chaque actionneur de contrôle i. La construction de **M** est décrite par l'équation (6.2) : **M** est une matrice de dimensions $(3\,n_e \times n_e)$ dont la colonne i (relative à la projection de l'action de l'actionneur i) contient des zéros partout sauf aux lignes de $3i$-2 jusqu'à $3i$ qui contiennent les termes de projection.

$$\mathbf{M}(3i - 2 : 3i, i) = \begin{pmatrix} \cos(\theta_{n_i})\sin(\alpha_{n_i}) \\ \sin(\theta_{n_i})\sin(\alpha_{n_i}) \\ \cos(\alpha_{n_i}) \end{pmatrix} \qquad (6.2)$$

La commande optimale $(\mathbf{F}_S)_{opt}$ est obtenue en minimisant le critère quadratique J défini comme suit :

$$J = \mathbf{e}^H \mathbf{e} = (\mathbf{H}_p^T \mathbf{F}_p + \mathbf{H}_S^T \mathbf{M} \mathbf{F}_S)^H (\mathbf{H}_p^T \mathbf{F}_p + \mathbf{H}_S^T \mathbf{M} \mathbf{F}_S) \qquad (6.3)$$

L'équation (6.3) représente le critère de minimisation sous sa forme quadratique Hermitienne qui peut s'écrire sous sa forme compacte :

$$J = \mathbf{F}_S^H \mathbf{A} \mathbf{F}_S + \mathbf{F}_S^H \mathbf{b} + \mathbf{b}^H \mathbf{F}_S + c \qquad (6.4)$$

Où :

$$\begin{aligned} \mathbf{A} &= \mathbf{M}^H (\mathbf{H}_s^T)^H \mathbf{H}_s^T \mathbf{M} \\ \mathbf{b} &= \mathbf{M}^H (\mathbf{H}_s^T)^H \mathbf{H}_p^T \mathbf{F}_p \\ c &= \mathbf{F}_p^H (\mathbf{H}_p^T)^H \mathbf{H}_p^T \mathbf{F}_p \end{aligned} \qquad (6.5)$$

Selon le nombre d'actionneurs de contrôle n_{act} et du nombre des mesures d'erreur n_e utilisés dans le système de contrôle, le problème de minimisation du critère J peut se présenter dans l'un des trois cas suivants :

- problème sous-déterminé $(n_{act} < n_e)$

- problème complètement déterminé $(n_{act} = n_e)$

- problème sur-déterminé $(n_{act} > n_e)$

La méthodologie utilisé pour déterminer la commande optimale dans chacun de ces trois cas est présentée par [Elliott, 2001] et ne sera pas détaillée dans la suite. Dans le cas où le nombre des mesures de l'erreur est supérieur au nombre des actionneurs de contrôle, la commande optimale $(\mathbf{F}_s)_{opt}$ est obtenue en annulant les dérivées du critère J par rapport à la partie réelle et la partie imaginaire de $(\mathbf{F}_s)$. En supposant que la matrice **A** est non singulière, on montre que la commande optimale peut être obtenue par l'équation (6.6) :

$$(\mathbf{F}_s)_{opt} = -\mathbf{A}^{-1}\mathbf{b} \tag{6.6}$$

Sous l'application de cette commande optimale, la valeur résiduelle du critère de minimisation J est obtenu en substituant l'équation (6.6) dans l'équation (6.5).

$$J_{min} = c - \mathbf{b}^H \mathbf{A}^{-1}\mathbf{b} \tag{6.7}$$

Pour une configuration de contrôle, un nombre d'actionneurs de contrôle et une excitation primaire choisis, le critère de minimisation minimal J_{min} est une fonction qui va dépendre uniquement de la position n_i et l'orientation $(\theta_{n_i}, \alpha_{n_i})$ de chaque actionneur i à chaque fréquence f.

Le triplet $(n_i, \theta_{n_i}, \alpha_{n_i})$ optimal de chaque actionneur i de contrôle qui minimise le critère J_{min} sur toutes les fréquences sur l'intervalle $[f_0, f_1]$ peut être obtenu en minimisant la somme du critère J_{min} sur la bande fréquentielle étudiée. L'optimisation de la configuration des actionneurs de contrôle revient donc à minimiser la fonction R définie par l'équation (6.8) et connue sous le nom de fonction coût ou évaluation :

$$R(n_i, \theta_{n_i}, \alpha_{n_i}) = \sum_{f_0}^{f_1} J_{min}(f) \tag{6.8}$$

La fonction coût ainsi définie dépend de $(3 \times n_{act})$ variables et peut présenter un nombre considérable de minimums locaux. Pour illustrer ce problème d'optimisation, imaginons nous sur les majestueuses chaînes montagneuses des Rocheuses et imaginons qu'on est chargé de trouver le creux le plus bas dans une une zone limitée. La solution serait de disperser un certain nombre de robots, sur cette zone, capables de se mouvoir en suivant les chemins les plus raides. Une fois arrivé sur un creux, chaque robot déclare qu'il a trouver le creux le plus bas. On sélectionne alors le creux le plus bas parmi les positions trouvées puis on disperse de nouveau les robots. Après un certain nombre d'expériences, le creux recherché peut être localisé. En revenant à notre problème d'optimisation, cela revient à utiliser l'algorithme génétique.

6.1.2   Optimisation de la configuration des actionneurs de contrôle par l'algorithme génétique

L'algorithme génétique est un algorithme stochastique évolutionnaire qui se base sur le mécanisme de sélection naturelle identifié par Darwin au XIXe siècle. Cet algorithme a été déjà utilisé dans des problèmes d'optimisation de la position des actionneurs de contrôle et des capteurs d'erreur pour des systèmes ASAC [Nijhuis et Boer, 2002]. D'un autre côté, l'algorithme génétique combiné à un critère de minimisation quadratique a été également utilisé dans d'autres problèmes tels que l'identification des sources acoustiques [Hamada *et al.*, 1995] ou encore l'identification des paramètres inconnus dans la modélisation d'un système [Choquette, 2006; Bouazara *et al.*, 2007].

Avant de commencer l'optimisation proprement dite par l'algorithme génétique, le codage de tous les points de l'espace d'état est nécessaire pour les différents processus de sélection, de croisement et de mutation qui constituent l'algorithme génétique.

6.1.3   Codage de la population

Cette étape consiste à coder l'ensemble de la population qui est constituée des variables n_i, θ_{n_i} et α_{n_i} en binaire dans le but d'associer une structure de données à chacun des points de l'espace étudié. Le codage de la population est illustré sur le Tableau 6.1.

Tableau 6.1   Description du codage des gènes pour l'actionneur de contrôle i

Paramètres des gènes	Nombre de bits	Espace d'optimisation
Position (n_i)	5	13 positions
Angle azimut (θ_{n_i})	8	256 (résolution $180^o/256 = 0.7^o$)
Angle d'élévation (α_{n_i})	8	256 (résolution $180^o/256 = 0.7^o$)
Total des chromosomes	21	

Pour chaque actionneur de contrôle i, sa position n_i est codé sur 5 bits et ses orientations dans les coordonnées sphériques sont codées chacune sur 8 bits. Ces orientations varient entre 0 et 180° couvrant ainsi la moitié d'une sphère. L'autre moitié de la sphère n'est pas considérée puisque le problème est symétrique tel que montré par les équations (6.9).

$$R(n_i, \theta_{n_i}, \alpha_{n_i}) = R(n_i, -\theta_{n_i}, -\alpha_{n_i})$$
$$F_{Si}(n_i, \theta_{n_i}, \alpha_{n_i}) = -F_{Si}(n_i, -\theta_{n_i}, -\alpha_{n_i})$$

$$(6.9)$$

Disposant d'une fonction évaluation et d'un codage adapté à ses variables, le problème de l'optimisation des actionneurs de contrôle formulé ainsi sera résolu en utilisant l'algorithme génétique dont le principe de fonctionnement sera décrit dans le prochain paragraphe.

6.1.4   Fonctionnement de l'algorithme génétique

Dans le but d'optimiser la configuration des actionneurs de contrôle , l'outil *Genetic Algorithm and Direct Search* de Matlab® a été utilisé. Cet outil offre la possibilité de manipuler les opérateurs génétiques déjà programmés.

La Figure 6.3 illustre le principe du fonctionnement de l'algorithme génétique adapté à notre problème d'optimisation.

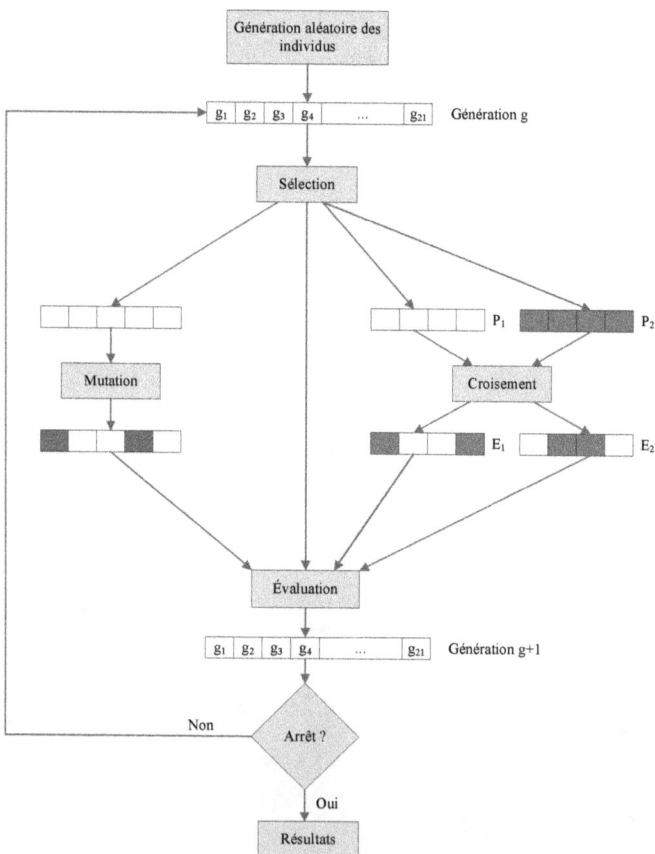

Figure 6.3   Fonctionnement de l'algorithme génétique pour l'optimisation de la configuration des actionneurs de contrôle

Étant donné que la position de l'optimum dans l'espace d'état de la fonction coût est complètement inconnu, la population initiale est générée d'une manière aléatoire tout en respectant les contraintes du problème d'optimisation. Tout élément de la population qui viole une de ces contraintes se verra attribuer une mauvaise évaluation et aura une forte probabilité d'être éliminé par le processus de sélection.

Comme son nom l'indique, l'*algorithme de sélection* permet de sélectionner les meilleurs individus d'une population d'une manière statistique. En effet, chaque individu d'une génération g se fait attribuer une probabilité en fonction de son évaluation lui donnant ou non le droit de se reproduire. Dans le but d'éviter de perdre les gènes des meilleurs individus dans le processus de croisement ou celui de mutation, l'algorithme de sélection est combiné à un principe d'élitisme qui consiste à conserver les meilleurs individus pour la génération suivante.

Les individus aptes à la reproduction qui sont sélectionnés par l'algorithme de sélection vont se reproduire à travers l'*algorithme de croisement* : deux parents P_1 et P_2 génèrent deux enfants E_1 et E_2 qui portent les gènes combinés des deux parents assurant ainsi la diversité de la population. Cet échange d'informations entre les parents et les enfants, malgré qu'il se fait d'une façon aléatoire, confère à l'algorithme génétique une partie de sa puissance.

Dans le but d'assurer la convergence de l'algorithme génétique et de garantir la recherche de l'optimum sur tout l'espace de recherche, l'*algorithme de mutation* est indispensable. Dans notre application, cet algorithme consiste à sélectionner une partie de l'individu choisi pour muter. Ensuite, remplacer chaque gène de la partie sélectionnée par une valeur aléatoire.

L'ensemble des algorithmes de sélection, de croisement et de mutation constitue l'algorithme génétique utilisé pour déterminer une des meilleures configurations des actionneurs de contrôle.

6.1.5 Processus de l'optimisation et environnement

Tel qu'illustré sur la Figure 6.4, l'optimisation de la configuration des actionneurs de contrôle combine les équations de contrôle optimal avec l'algorithme génétique. En effet, pour un candidat $(n_i, \theta_{n_i}, \alpha_{n_i})$ fourni par l'algorithme génétique, les forces de contrôle optimales ainsi que le critère de minimisation J_{min} (ou résidu de contrôle) sont obtenus avec la théorie de contrôle optimal présentée à la Section 6.1.1. En sommant les résidus de contrôle sur toutes les fréquences entre f_0 et f_1, la fonction évaluation R est obtenue.

Cette fonction évaluation est évaluée ensuite par l'algorithme génétique et à travers ses algorithmes de mutation, de croisement et de sélection, il fournit un autre candidat pour la configuration des actionneurs. Après un certain nombre d'itérations et lorsque la population n'évolue plus, l'algorithme génétique est arrêté et une des meilleures configurations des actionneurs de contrôle est obtenue.

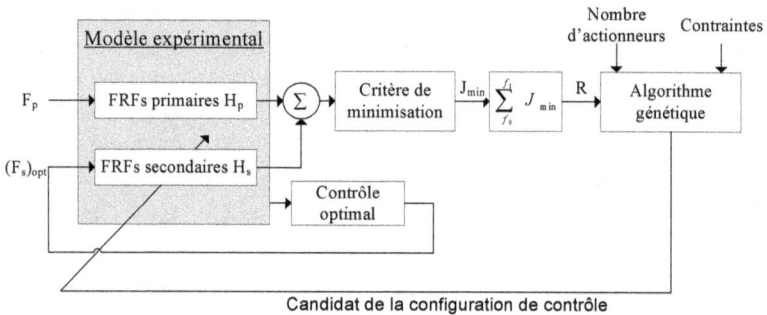

Figure 6.4   Processus d'optimisation de la configuration des actionneurs de contrôle

Le processus d'optimisation dépend de plusieurs variables d'environnement telles les contraintes, le nombre d'actionneurs de contrôle utilisés, le critère de minimisation choisi et la source de bruit primaire utilisée. Les résultats de l'optimisation dépendent de toutes ces variables et en conséquence, certains choix devront être faits et justifiés.

Contraintes de l'optimisation

Les contraintes choisies pour le problème d'optimisation sont :

- Un actionneur de contrôle ne doit pas être positionné sur l'excitation primaire donc $n_i \neq 1$ quel que soit l'actionneur i. Sans cette contrainte, l'actionneur de contrôle sera positionné sur la source de bruit pour minimiser le critère de contrôle en réduisant le bruit directement à la source.

- Dans le cas où deux actionneurs de contrôle ou plus sont utilisés dans la configuration de contrôle, deux actionneurs ne peuvent pas occuper la même position donc $n_i \neq n_{i'}$ pour tout $i \neq i'$.

- Sur le banc de test et sur le quart du véhicule étudié (S_1), on dispose de 12 positions d'excitation secondaires. Par conséquent, la position n_i de chaque actionneur i doit être inférieure ou égale à 13.

- Sur le quart du véhicule étudié et uniquement lorsque le critère de minimisation porte sur les accélérations transmises, les actionneurs de contrôle doivent être en amont des capteurs d'erreur (accéléromètres). Par conséquent, la position n_i de chaque actionneur i doit être inférieure ou égale à 10 dans ce cas.

D'autres contraintes peuvent être utilisées : par exemple, les forces de contrôle peuvent être limitées à une certaine valeur ou bien un certain pourcentage de l'excitation primaire. Dans ces travaux, cette contrainte n'est pas utilisée puisqu'elle ajoute une dépendance sur l'excitation primaire qui est un paramètre extrinsèque aux systèmes caractérisés par les modèles expérimentaux.

Nombre d'actionneurs de contrôle

Le choix du nombre d'actionneurs de contrôle à mettre en oeuvre sur la suspension devra répondre à certains critères. Certainement, l'utilisation de plus d'actionneurs signifie une meilleure performance de contrôle mais à quel prix ?

De nos jours, les constructeurs automobiles sont contraints à réduire d'une part leur coût de production face à un marché de plus en plus féroce et d'autre part la masse des véhicules pour des considérations énergétiques et environnementales. Donc, un compromis entre la performance du contrôle, la masse rajoutée par les actionneurs et le coût de la solution devra être satisfait. Dans ces travaux, le nombre d'actionneurs de contrôle a été limité à deux sur le banc de test et la suspension S_1 du véhicule. Dans le but d'observer la différence entre une configuration avec un actionneur de contrôle et une configuration avec deux actionneurs, la performance de chacune des deux configurations sera uniquement analysée sur le banc de test.

Critère de minimisation

Le choix du critère de minimisation implique directement le type ainsi que le nombre des capteurs d'erreur qui seront utilisés dans la configuration de contrôle et en conséquence le coût de la solution proposée. Dans ces travaux, le choix d'un critère de minimisation plutôt qu'un autre sera uniquement motivé par la performance du contrôle. Plusieurs critères de minimisation seront évalués sur le banc de test et la suspension S_1 du véhicule dans le but de valider la configuration des capteurs d'erreur et la stratégie du contrôle choisie.

Source de bruit primaire

La source de bruit primaire est une variable extrinsèque au problème de l'optimisation qui dépend à la fois de la chaussée et de la vitesse du véhicule. Donc, une configuration optimisée pour une telle route et une telle vitesse ne l'est pas forcément pour une autre route et/ou une autre vitesse du véhicule. Comment peut-on alors éviter d'optimiser la configuration de contrôle pour un cas particulier de source de bruit ?

Dans le but de rendre le problème de l'optimisation indépendant de la source de bruit, l'équation de J_{min} peut être écrite différemment :

$$J_{min} = \mathbf{F}_p^H \mathbf{K} \mathbf{F}_p \tag{6.10}$$

Où : $\mathbf{K} = (\mathbf{H}_p^T)^H \mathbf{H}_p^T - [\mathbf{M}^H (\mathbf{H}_s^T)^H (\mathbf{H}_p^T)]^H \mathbf{A}^{-1} [\mathbf{M}^H (\mathbf{H}_s^T)^H (\mathbf{H}_p^T)]$

D'après l'équation (6.10), le vecteur $\mathbf{F}_p$ agit comme une pondération à chaque fréquence : si ce vecteur est multiplié par 2, le critère est alors multiplié par 4 et les commandes optimales sont multipliées par 2. D'un autre côté, chaque composante de l'effort primaire $\mathbf{F}_p$ agit aussi comme une pondération : par exemple, si on considère que les composantes suivant les direction X et Y sont nulles, alors la commande optimale obtenue est dédiée au contrôle du bruit générée par la composante Z de la source de bruit. Comme la fonction évaluation utilisée par l'algorithme génétique est une sommation du critère J_{min} sur toutes les fréquences, le vecteur $\mathbf{F}_p$ caractérisant le bruit de source agit à la fois comme une pondération sur les composantes de la source du bruit (l'orientation de la force primaire) et une pondération sur les fréquences (spectre de la force primaire).

L'orientation de la force primaire à chaque fréquence dépend de plusieurs paramètres extrinsèques. Pour simplifier le problème, seulement une excitation primaire suivant la direction Z sera considérée. Ce choix se justifie par des raisons pratiques de mise en oeuvre de l'excitation primaire pour la réalisation expérimentale du contrôle. De plus, il a été démontré au Chapitre 5 qu'une excitation primaire suivant l'axe Z génère plus de vibrations transmises au bâti sur le banc de test et plus de bruit à l'intérieur de la cabine sur le véhicule qu'une excitation suivant les deux autres directions.

Quant au spectre de la force primaire, il dépend aussi de plusieurs paramètres extrinsèques. Pour que le problème de l'optimisation ne dépende que des paramètres intrinsèques de chaque système, un spectre d'excitation plat en fréquence sera utilisé. Ceci revient à donner le même poids à la contribution de l'excitation primaire au bruit généré aux capteurs d'erreur sur toutes les fréquences dans le but d'optimiser la configuration des actionneurs de contrôle seulement en fonction des chemins de transmission primaires qui sont des paramètres intrinsèques à chaque modèle expérimental des systèmes étudiés. Uniquement sur le banc de test, la composante verticale de la force équivalente pour reproduire les accélérations de route sera considérée. Ceci a pour objectif de comparer la performance du contrôle entre une configuration optimisée où un spectre plat d'excitation primaire est utilisé et et une configuration optimisée où un spectre d'excitation de route est utilisé.

6.2 Résultats de l'optimisation sur le banc de test

L'optimisation de la configuration des actionneurs de contrôle ainsi que les résultats de contrôle optimal dépendent de la fonction coût J choisie pour être minimisée. Sur le banc de test, deux fonctions coûts seront utilisées dans le but de réduire les forces transmises par les différents points d'ancrage au bâti.

1. **Minimisation de toutes les forces transmises au bâti**

   La minimisation de toutes les forces transmises au bâti peut s'exprimer par la fonction coût J_{F-all} définie comme la somme des carrés de toutes les forces transmises (équation (6.11)).

   $$J_{F-all} = \sum_{m,k} \| F_{mk} \|^2 \tag{6.11}$$

   où F_{mk} est la force transmise par le point d'ancrage m suivant la direction k.

2. **Minimisation de toutes les forces transmises au bâti par les points d'ancrage B_{11}, B_{21} et BH**

   La minimisation de toutes les forces transmises au bâti à travers les points d'ancrage B_{11}, B_{21} et BH peut s'exprimer par la fonction coût $J_{F-B_{11}-B_{21}-BH}$ définie comme la somme des carrés de toutes les forces transmises par ces points (équation (6.12)).

   $$J_{F-B_{11}-B_{21}-BH} = \sum_{m,k} \| F_{mk} \|^2 \tag{6.12}$$

   où m prend les valeurs B_{11}, B_{21} et BH.

6.2.1 Minimisation de J_{F-all}

La minimisation du critère J_{F-all} vise à minimiser les forces résiduelles transmises au bâti par tous les points d'ancrage de la suspension et ce suivant toutes les directions entre 20 et 250 Hz. Les résultats de l'optimisation de la configuration des actionneurs de contrôle en utilisant ce critère seront présentés en fonction du nombre d'actionneurs utilisés (1 actionneur vs 2 actionneurs) et en fonction du spectre de l'excitation primaire suivant l'axe Z (autospectre plat d'amplitude 1 N^2/Hz vs la composante verticale de la force équivalente pour reproduire les accélérations sur route (voir Chapitre 4)). Avant de présenter ces différents cas, une étape de validation des outils de l'optimisation sera présentée.

Validation des outils de l'optimisation

L'utilisation de l'algorithme génétique avec un critère de minimisation quadratique permet d'optimiser la configuration des actionneurs de contrôle pour assurer une réduction globale efficace du critère choisi. La validation des outils d'optimisation peut être réalisée sur un cas dont on connaît le résultat : en utilisant un seul actionneur de contrôle et en autorisant ce dernier à être positionné sur l'axe de la roue. La meilleure configuration de l'actionneur de contrôle est qu'il soit positionné sur l'axe de la roue ($n = 1$) en opposition à la force d'excitation primaire dans le but de réduire le bruit directement à la source.

Pour une excitation primaire suivant l'axe Z d'amplitude 1 N sur toutes les fréquences, l'optimisation de la configuration de l'actionneur de contrôle en utilisant J_{F-all} comme critère de minimisation montre que l'algorithme génétique converge vers la solution attendue en positionnant l'actionneur de contrôle directement sur la source du bruit avec une force de contrôle qui est exactement l'opposée de l'excitation primaire (voir Tableau 6.2 et Figure 6.5). L'étude de ce cas tend à confirmer la validité des outils conçus pour l'optimisation de la configuration des actionneurs de contrôle.

Tableau 6.2   Gènes de l'optimisation

Paramètres \ Actionneur i	1
Position (n_i)	1
Angle azimut (θ_{n_i})	16°
Angle d'élévation (α_{n_i})	0°

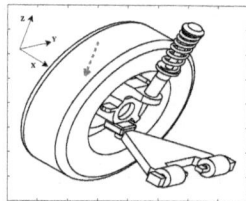

Figure 6.5 Configuration de l'actionneur de contrôle

Configuration pour la minimisation de J_{F-all} avec un actionneur de contrôle et une excitation primaire $F_{1Z} = 1$ N

Dans ce cas, la configuration de l'actionneur de contrôle est optimisée pour réduire toutes les forces transmises au bâti avec une excitation primaire verticale de spectre plat entre 20 et 250 Hz. Le Tableau 6.3 et la Figure 6.6 illustrent les résultats de l'optimisation.

Tableau 6.3   Gènes de l'optimisation

Paramètres \ Actionneur i	1
Position (n_i)	11
Angle azimut (θ_{n_i})	167°
Angle d'élévation (α_{n_i})	151°

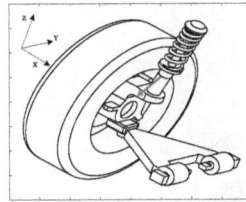

Figure 6.6 Configuration de l'actionneur de contrôle

L'actionneur de contrôle est positionné sur l'amortisseur dans le but de minimiser les forces transmises au point d'ancrage BH qui participe avec plus de 22 % des forces transmises au bâti. L'orientation de l'actionneur dans l'espace crée des moments de contrôle suivant les trois directions dans le but de contrôler les forces transmises par les points d'ancrage de la table de suspension.

La Figure 6.7 (a) montre le critère J_{F-all} avec et sans contrôle pour la configuration de l'actionneur de contrôle obtenue. Une réduction globale de 4.7 dB est obtenue sur ce critère entre 20 et 250 Hz. La force nécessaire pour la minimisation de J_{F-all} (voir Figure 6.7 (b)) révèle qu'en dessous de 100 Hz, l'actionneur de contrôle doit fournir une force pouvant atteindre plus que la valeur de la force primaire en particulier aux resonances à 21 Hz (mode de la table de suspension), 24 Hz (premier mode de la suspension entière), 39 Hz (mode du ressort), 43 Hz (mode de la table de suspension), 48 Hz (deuxième harmonique du mode de la suspension entière), 56 Hz (premier mode du pneu), 72 Hz (troisième harmonique du mode de la suspension entière) et 96 Hz (quatrième harmonique du mode de la suspension entière) [Douville, 2003]. Au dessus de 100 Hz, l'amplitude de la force de contrôle est généralement la moitié de celle de l'excitation primaire. La puissance totale du spectre de la force de contrôle est de 181 N^2 entre 20 et 250 Hz alors que l'énergie du spectre de la force primaire est de 230 N^2. Donc l'actionneur de contrôle fournit approximativement

80 % de la puissance du bruit primaire pour pouvoir atteindre une réduction globale de 4.7 dB.

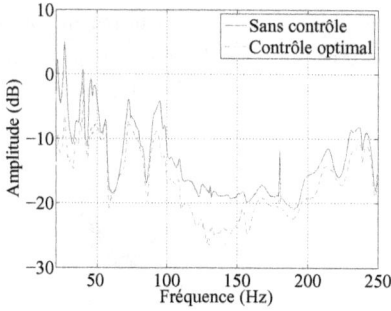

(a) Résultats de la minimisation du critère J_{F-all} (b) Force de contrôle optimale

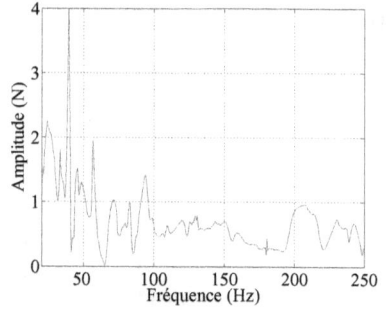

Figure 6.7   Contrôle optimal du critère J_{F-all} pour une configuration avec un actionneur de contrôle et une excitation primaire unitaire suivant l'axe Z

Configuration pour la minimisation de J_{F-all} avec 2 actionneurs de contrôle et une excitation primaire $F_{1Z} = 1$ N

Le deuxième cas d'étude vise à optimiser la configuration de deux actionneurs de contrôle en utilisant le critère J_{F-all} et un spectre plat sur toutes les fréquences comme excitation primaire suivant l'axe vertical. Les résultats de l'optimisation de ce cas (voir Tableau 6.4 et Figure 6.8) montrent que le premier actionneur est positionné sur la rotule qui lie le porte-fusée à la table de suspension avec une faible inclinaison par rapport à l'axe Z pour réduire les forces transmises suivant l'axe Z directement à la source. On rappelle que les forces transmises suivant l'axe Z représentent plus de 56 % des forces totales transmises au bâti. Quant au deuxième actionneur, il est positionné sur la table de suspension dans le plan X-Z avec une faible inclinaison par rapport à l'axe X pour réduire les forces transmises par la table de suspension suivant l'axe X qui représentent plus de 30 % des forces totales transmises au bâti pour cette direction d'excitation primaire.

Tableau 6.4   Gènes de l'optimisation

Actionneur i Paramètres	1	2
Position (n_i)	9	8
Angle azimut (θ_{n_i})	31°	0°
Angle d'élévation (α_{n_i})	9°	99°

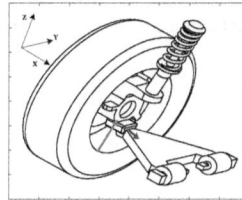

Figure 6.8 Configuration des actionneurs de contrôle

Les résultats du contrôle avec deux actionneurs de contrôle (voir Figure 6.9 (a)) montrent clairement une amélioration de la performance par rapport au cas précédent où un seul actionneur de contrôle a été utilisé. En effet, la réduction globale entre 20 et 250 Hz est de 8 dB en utilisant deux actionneurs alors qu'elle était seulement de 4.7 dB avec un seul actionneur de contrôle. D'autre part, la force de contrôle délivrée par chacun de deux actionneurs (voir Figure 6.9 (b)) est moins importante que celle délivrée par un seul actionneur. En effet, la puissance du spectre de la force de contrôle de l'actionneur 1 est de 116 N^2 alors que celle fournie de l'actionneur 2 est de 66 N^2 entre 20 et 250 Hz. La puissance fournie par les deux actionneurs est donc de 182 N^2 qui est approximativement la même puissance du contrôle utilisée par un seul actionneur dans le cas précédent. Ces résultats montrent que l'utilisation de deux actionneurs de contrôle nécessite la même puissance de contrôle qu'une configuration avec un seul actionneur alors que les performances du contrôle sont nettement meilleures. Étant donné que cette puissance est répartie sur deux actionneurs de contrôle, ces derniers sont en conséquence moins puissants et donc moins encombrants sur les positions trouvées.

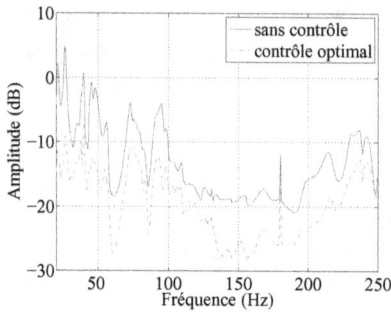

(a) Résultats de la minimisation du critère J_{F-all} (b) Forces de Contrôle optimale

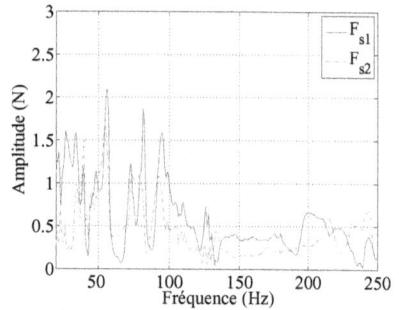

Figure 6.9   Contrôle optimal du critère J_{F-all} pour une configuration avec deux actionneurs de contrôle et une excitation primaire unitaire suivant l'axe Z

Configuration pour la minimisation de J_{F-all} avec 2 actionneurs de contrôle et une excitation primaire de route

Dans ce troisième cas d'optimisation, la composante verticale de la force équivalente pour reproduire les accélérations mesurées sur route est utilisée comme excitation primaire. Les résultats de l'optimisation de ce cas (voir Tableau 6.5 et Figure 6.10) montrent que le premier actionneur est positionné sur la table de suspension quant au deuxième, il est positionné sur le porte-fusée à proximité de la rotule de direction.

Tableau 6.5   Gènes de l'optimisation

Paramètres / Actionneur i	1	2
Position (n_i)	8	10
Angle azimut (θ_{n_i})	168°	27°
Angle d'élévation (α_{n_i})	59°	162°

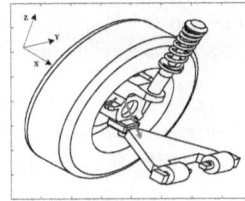

Figure 6.10 Configuration des actionneurs de contrôle

La réduction globale du critère de minimisation J_{F-all} est de 10.7 dB entre 20 et 250 Hz. L'utilisation du spectre de la force équivalente semble donner plus d'importance à la réduction des composantes fréquentielles qui deviennent dominantes sur le spectre du critère J_{F-all} causées par le spectre de l'excitation primaire. Plus particulièrement, les modes de la suspension à 21 Hz, 24 Hz, 43 Hz, 72 Hz et 96 Hz qui sont excités avec une force primaire importante. En conséquence, comme la fonction évaluation est une somme de toutes les forces transmises sur toutes les fréquences, sa minimisation pour optimiser la configuration des actionneurs de contrôle est fortement influencée par ces modes excités. D'un autre côté, en utilisant la composante verticale du spectre de la force équivalente dans la configuration obtenue pour minimiser les critère J_{F-all} avec un spectre plat, une réduction globale de 8.5 dB est obtenue entre 20 et 250 Hz. Ce résultat montre que l'utilisation d'un spectre plat comme excitation primaire permet d'optimiser la configuration des actionneurs de contrôle en fonction des modes propres à la suspension pour une réduction du critère de minimisation certes moins performante que l'utilisation du spectre de la route qui vient pondérer la réponse de la suspension, mais la configuration des actionneurs de contrôle a été obtenue uniquement en fonction des paramètres intrinsèques à la suspension.

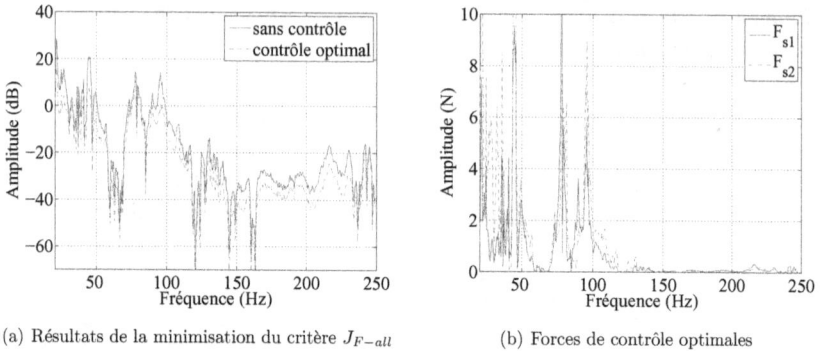

(a) Résultats de la minimisation du critère J_{F-all}

(b) Forces de contrôle optimales

Figure 6.11   Contrôle optimal du critère J_{F-all} pour une configuration avec deux actionneurs de contrôle et une excitation primaire de route suivant l'axe Z

Les forces de contrôle (voir Figure 6.11 (b)) sont considérables aux modes excités à 21 Hz, 24 Hz, 43 Hz, 72 Hz et 96 Hz et nécessitent des actionneurs de contrôle puissants. En dehors de ces modes, les forces de contrôle sont plus faibles en particulier au dessus de 100 Hz puisque la puissance du spectre d'excitation primaire est plus faible (voir Chapitre 4).

6.2.2   Minimisation de $J_{F-B_{11}-B_{21}-BH}$

La minimisation du critère J_{F-all} nécessite l'utilisation de 15 mesures de force transmise à tous les points d'ancrage et suivant toutes les directions. Dans le but de réduire le nombre de capteurs utilisés tout en ayant un contrôle performant sur toutes les forces transmises, le critère de minimisation $J_{F-B_{11}-B_{21}-BH}$ sera évalué. La minimisation du critère $J_{F-B_{11}-B_{21}-BH}$ vise à minimiser les forces résiduelles transmises au bâti par les points d'ancrage B_{11}, B_{21} et BH de la suspension et ce, suivant toutes les directions.

D'après l'annexe A, pour une excitation primaire suivant l'axe Z, les point d'ancrage B_{11}, B_{12}, B_{21}, B_{22} et BH transmettent respectivement 15.8 %, 6.8 %, 31 %, 24.3 % et 22.1 % des forces totales transmises au bâti. Sachant que (B_{11}, B_{12}) et (B_{21}, B_{22}) appartiennent respectivement à un même coussinet de la table de suspension, le choix s'est orienté vers le point d'ancrage qui transmet le plus de forces de chaque coussinet de la table de suspension, soit B_{11} et B_{21}. Le critère ainsi construit vise à minimiser plus de 70 % des forces transmises au bâti entre 20 et 250 Hz.

Configuration pour la minimisation de $J_{F-B_{11}-B_{21}-BH}$ avec 2 actionneurs de contrôle et une excitation primaire $F_{1Z} = 1$ N

Dans ce cas, la configuration des actionneurs de contrôle est optimisée pour réduire les forces transmises au bâti par les points d'ancrage B_{11}, B_{21} et BH avec une excitation primaire verticale de spectre plat entre 20 et 250 Hz. Le Tableau 6.6 et la Figure 6.12 illustrent les résultats de l'optimisation.

Tableau 6.6   Gènes de l'optimisation

Actionneur i Paramètres	1	2
Position (n_i)	9	8
Angle azimut (θ_{n_i})	95°	13°
Angle d'élévation (α_{n_i})	175°	102°

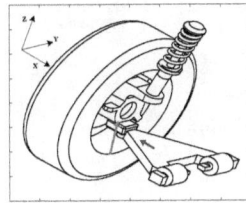

Figure 6.12   Configuration des actionneurs de contrôle

Le premier actionneur de contrôle est positionné sur le porte-fusée. Quant au deuxième actionneur, il est positionnée sur la table de suspension. Ces positions sont exactement les mêmes que celles obtenues pour la minimisation de J_{F-all} avec la même excitation primaire. Les orientations de chaque actionneur sont pratiquement les mêmes aussi. Cela peut s'expliquer par le choix des points d'ancrage B_{11}, B_{21} et BH qui peuvent construire globalement le critère J_{F-all} à plus de 70 %.

La réduction globale du critère de minimisation $J_{F-B_{11}-B_{21}-BH}$ est de 9.1 dB entre 20 et 250 Hz. La puissance du spectre de l'actionneur 1 et de l'actionneur 2 (voir Figure 6.13 (b))sont respectivement de 84 N^2 et 94 N^2 pour un total de 178 N^2 qui est approximativement la même puissance des forces de contrôle pour minimiser J_{F-all} avec la même excitation.

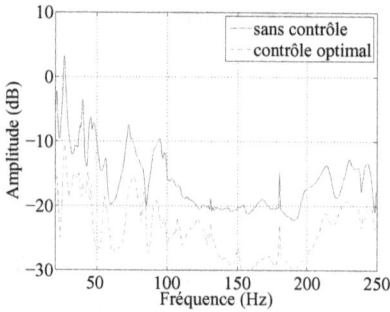

(a) Résultats de la minimisation du critère $J_{F-B_{11}-B_{21}-BH}$

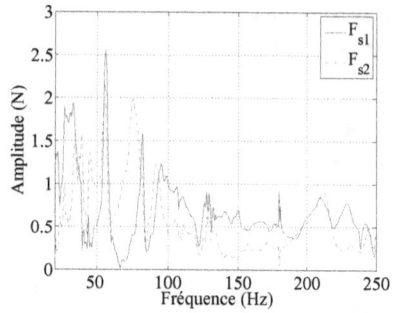

(b) Forces de contrôle optimales

Figure 6.13   Contrôle optimal du critère $J_{F-B_{11}-B_{21}-BH}$ pour une configuration avec deux actionneurs de contrôle et une excitation primaire unitaire suivant l'axe Z

La Figure 6.14 présente l'impact de la minimisation de $J_{F-B_{11}-B_{21}-BH}$ sur le critère J_{F-all}. La réduction du critère $J_{F-B_{11}-B_{21}-BH}$ produit une réduction globale de 6.2 dB du critère J_{F-all} entre 20 et 250 Hz. Donc, la réduction des forces transmises uniquement par les points d'ancrage B_{11}, B_{21} et BH a pour effet de réduire toutes les forces transmises au bâti en utilisant approximativement la même puissance de forces de contrôle que dans le cas où J_{F-all} est minimisé avec une baisse globale de performance du contrôle de 1.8 dB sur la bande fréquentielle étudiée.

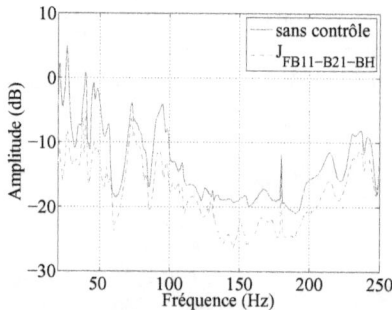

Figure 6.14   Impact du contrôle optimal du critère $J_{F-B_{11}-B_{21}-BH}$ sur le critère J_{F-all}

Configuration pour la minimisation de $J_{F-B_{11}-B_{21}-BH}$ avec 2 actionneurs de contrôle et une excitation primaire de route

Dans ce cas, la configuration des actionneurs de contrôle est optimisée pour réduire les forces transmises au bâti par les points d'ancrage B_{11}, B_{21} et BH en utilisant la composante verticale de la force équivalente pour reproduire les accélérations sur route. Le Tableau 6.7 et la Figure 6.15 illustrent les résultats de l'optimisation.

Tableau 6.7 Gènes de l'optimisation

Actionneur i Paramètres	1	2
Position (n_i)	8	11
Angle azimut (θ_{n_i})	6°	151°
Angle d'élévation (α_{n_i})	110°	133°

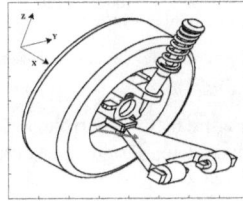

Figure 6.15 Configuration des actionneurs de contrôle

L'actionneur 1 est positionné sur la table de suspension. Quant à l'actionneur 2, il est positionné sur le porte-fusée à proximité de l'amortisseur. La réduction globale du critère $J_{F-B_{11}-B_{21}-BH}$ est de 11 dB qui nécessite approximativement autant de puissance de contrôle aux modes excités à 21 Hz, 24 Hz, 43 Hz, 72 Hz et 96 Hz (voir Figure 6.16 (b)) que dans le cas où le critère J_{F-all} est minimisé pour la même excitation primaire.

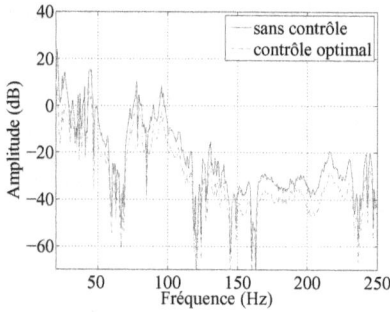

(a) Résultats de la minimisation du critère
$J_{F-B_{11}-B_{21}-BH}$

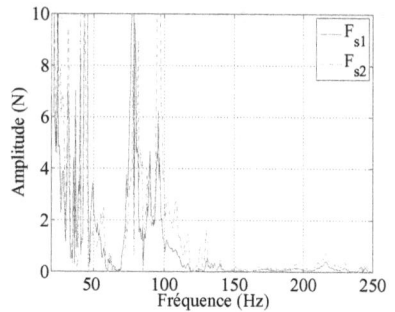

(b) Forces de contrôle optimales

Figure 6.16   Contrôle optimal du critère $J_{F-B_{11}-B_{21}-BH}$ pour une configuration avec deux actionneurs de contrôle et une excitation primaire de route suivant l'axe Z

La réduction des forces transmises par les points d'ancrage B_{11}, B_{21} et BH conduit aussi à la réduction de toutes les forces transmises au bâti (voir Figure 6.17) avec une réduction globale de 8.5 dB sur la bande fréquentielle étudiée.

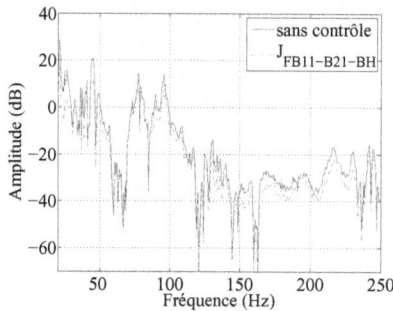

Figure 6.17   Impact du contrôle optimal du critère $J_{F-B_{11}-B_{21}-BH}$ sur le critère J_{F-all}

6.2.3   Conclusions sur l'optimisation de la configuration des actionneurs de contrôle sur le banc de test

L'étude des différents cas d'optimisation de la configuration des actionneurs de contrôle sur le banc de test a permis de valider les outils d'optimisation. En effet, la combinaison de l'algorithme génétique avec la minimisation quadratique offre un outil pour trouver la configuration optimale des actionneurs de contrôle et réduire efficacement un critère de minimisation choisi d'une façon globale sur la bande fréquentielle étudiée. Étant donné que le critère de minimisation est pondéré par l'excitation primaire, l'utilisation d'un spectre plat en fréquence comme excitation primaire a permis d'optimiser la configuration des actionneurs d'une manière intrinsèque à la suspension. Dans ce cas, les résultats de l'optimisation ne dépendent que des modes propres de la suspension contrairement à l'utilisation d'un spectre représentatif de la route pour lequel l'optimisation ne dépend que des modes excités qui deviennent dominants sur le critère de minimisation. L'utilisation d'un spectre plat en fréquence a l'avantage d'une part de résoudre le problème de l'optimisation d'une manière indépendante à l'excitation primaire de la route qui varie en fonction de plusieurs paramètres (type de route, vitesse du véhicule ...) et d'autre part de normaliser les résultats obtenus.

D'un autre côté, l'étude de cas menée en fonction du nombre d'actionneurs utilisés et du critère de minimisation révèle que :

- l'utilisation de deux actionneurs de contrôle offre des performances de contrôle nettement supérieures à celles obtenues par un seul actionneur et cela approximativement pour la même puissance totale de contrôle. En plus de sa performance de contrôle, la configuration avec deux actionneurs permet de répartir l'énergie nécessaire au contrôle sur ces derniers et en conséquence, les deux actionneurs sont moins puissants et donc moins encombrants sur les positions trouvées.

- la puissance nécessaire pour effectuer le contrôle des forces transmises pour une excitation de route peut être considérable en particulier aux modes de la suspension en dessous de 100 Hz nécessitant ainsi des actionneurs de contrôle puissants. Pour les fréquences au dessus de 100 Hz, les forces de contrôle sont nettement plus faibles impliquant des actionneurs de contrôle moins puissants et donc moins lourds et moins encombrants pour un contrôle entre 100 et 250 Hz.

- l'utilisation des taux de transmissibilité vibratoire déterminés au Chapitre 5 a permis de guider le choix de la position des capteurs d'erreur tout en gardant des performances de contrôle sur toutes les forces transmises.

Selon le cas étudié, des résultats de réduction importantes ont été obtenue sur les forces transmises au bâti entre 20 et 250 Hz. Cependant la réduction de ces vibrations impliquera t-elle une réduction sur le bruit perçu par les passagers ? La réponse à cette question sera apportée à travers l'étude des différents cas d'optimisation sur le véhicule.

6.3 Résultats de l'optimisation sur la suspension S_1 du Buick Century

Sur le véhicule *Buick Century*, on dispose à la fois des FRFs vibratoires et des FRFs acoustiques. L'objectif étant de minimiser le bruit de roulement à l'intérieur de la cabine, plusieurs critères de minimisation J seront utilisés pour optimiser la configuration des actionneurs de contrôle et évaluer la performance de chaque stratégie de contrôle (acoustique, vibratoire et acoustique virtuellle). Les critères de minimisation qui seront présentés sont les suivants :

1. **Minimisation de la pression acoustique sur tous les microphones à l'intérieur de la cabine**

   La minimisation de la pression acoustique vise à réduire la pression acoustique sur les 8 microphones à l'intérieur de la cabine. La fonction coût pour minimiser le bruit mesuré par tous les microphone s'exprime sous la forme quadratique (équation (6.13)).

$$J_{P-all} = \sum_{j=1}^{8} \parallel P_j \parallel^2 \tag{6.13}$$

   où P_j est la pression acoustique au microphone j

2. **Minimisation de toutes les accélérations transmise au châssis**

   La minimisation de toutes les accélérations transmises par la suspension par les différents points d'ancrage B_1, B_2 et BH vise à couper les chemins de transmission des vibrations causées par la route avant qu'elles soient transmises au châssis puis rayonnées à l'intérieur de la cabine. La fonction coût pour minimiser ces accélérations s'exprime sous la forme quadratique (équation (6.14)) :

$$J_{a-all} = \sum_{m,k} \parallel a_{mk} \parallel^2 \tag{6.14}$$

   où a_{mk} est l'accélération transmise par le point d'ancrage m suivant la direction k.

3. **Minimisation de la pression acoustique virtuelle**

   On rappelle qu'au Chapitre 5, un modèle vibro-acoustique qui met en relation les 8 pressions acoustiques à l'intérieur de la cabine avec les 9 accélérations sur les différents point d'ancrage de la suspension S_1 du véhicule a été déterminé. Donc à partir seulement des accélérations sur la suspension, le modèle vibro-acoustique peut reconstruire les pressions virtuelles à l'intérieur de la cabine. La minimisation de ces

pressions virtuelles offre une configuration de contrôle déporté qui vise à minimiser
la pression à l'intérieur de la cabine sans l'installation des microphones dans cette
dernière. La fonction coût pour minimiser les pressions virtuelles s'exprime sous la
forme quadratique (équation (6.15)) :

$$J_{P_v-all} = \sum_{j=1}^{8} \| P_{v_j} \|^2 \tag{6.15}$$

où P_{v_j} est la pression virtuelle reconstruite au microphone j qui s'exprime en fonction
des accélérations au différents points d'ancrage selon les trois directions (a_{mk}) et les
composantes de la matrice $\mathbf{H}^{va}$ déterminée au Chapitre 5.

$$P_{v_j} = \sum_{m,k} H_{mkj}^{va} a_{mk} \tag{6.16}$$

où H_{mkj}^{va} est la composante de la matrice $\mathbf{H}^{va}$ qui exprime la fonction de transfert entre l'accélération au point d'ancrage m suivant la direction k et la pression
acoustique au microphone j.

Dans les paragraphes suivantes, les résultats de l'optimisation de ces différents critères
seront présentés pour une configuration avec deux actionneurs de contrôle et une excitation
primaire suivant l'axe Z de spectre plat d'amplitude 1 N sur toutes les fréquences. La
performance du contrôle optimal sur chaque critère sera évaluée en fonction de la réduction
du bruit de roulement à l'intérieur de la cabine.

6.3.1 Configuration pour la minimisation de J_{P-all}

Dans ce cas, la configuration des actionneurs de contrôle est optimisée dans le but de
réduire la pression acoustique à l'intérieur de la cabine. Les résultats de l'optimisation
pour minimiser le critère J_{P-all} sont présentés par le Tableau 6.8 et la Figure 6.18.

Le premier actionneur est positionné en amont de l'amortisseur dans le but de réduire
les vibrations transmises par le point d'ancrage BH qui contribuent à plus de 50 % du
bruit à l'intérieur de la cabine pour une excitation primaire verticale. Quant au deuxième
actionneur, il est positionné sur la rotule qui lie le porte-fusée à la table de suspension
dans le but de réduire les vibrations transmises par les points d'ancrage de la table de
suspension qui contribuent à approximativement 50 % du bruit à l'intérieur de la cabine.

D'autre part, on rappelle que pour l'optimisation des actionneurs de contrôle en utilisant
le critère acoustique J_{P-all}, l'algorithme génétique n'est plus contraint à choisir que les

positions sur la suspension en amont des points d'ancrage mais les positions sur le châssis en aval de la suspension peuvent être aussi choisies. Cependant, les résultats de l'optimisation montrent que les positions sur le châssis n'ont pas été sélectionnées puisqu'ils n'offrent pas les meilleurs chemins de transfert secondaires pour contrôler le bruit. Ceci montre que pour contrôler le bruit de roulement, les actionneurs de contrôle doivent être placés sur la suspension en amont des points d'ancrage dans le but d'agir sur le bruit avant qu'il se propage dans tous les sens au châssis et devient plus difficile à contrôler.

Tableau 6.8   Gènes de l'optimisation

Paramètres \ Actionneur i	1	2
Position (n_i)	8	10
Angle azimut (θ_{n_i})	47°	14°
Angle d'élévation (α_{n_i})	50°	73°

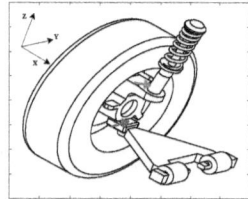

Figure 6.18 Configuration des actionneurs de contrôle

Cette configuration des actionneurs de contrôle offre des réductions très importantes sur le critère J_{P-all} qui peut atteindre plus de 20 dB(A) sur des fréquences spécifiques. La réduction globale de ce critère est de 8 dB(A) entre 20 et 500 Hz. Les forces de contrôle nécessaires pour atteindre cette performance (voir Figure 6.19 (b)) sont relativement importantes en particulier entre 50 et 150 Hz, où les forces de contrôle peuvent atteindre jusqu'à 10 fois l'excitation primaire.

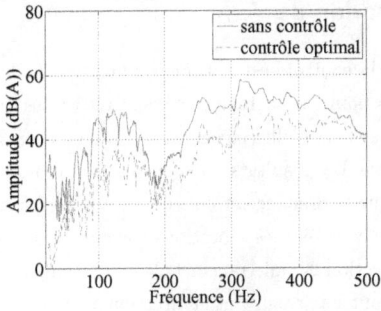

(a) Résultats de la minimisation du critère J_{P-all}

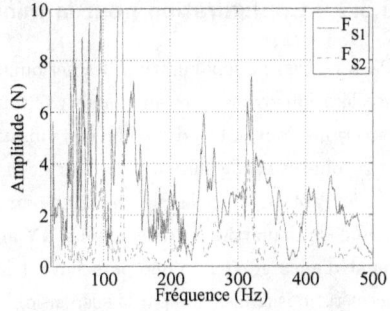

(b) Forces de contrôle optimales

Figure 6.19   Contrôle optimal du critère J_{P-all} pour une configuration avec deux actionneurs de contrôle et une excitation primaire unitaire suivant l'axe Z

6.3.2   Configuration pour la minimisation de J_{a-all}

Dans ce cas, la configuration des actionneurs de contrôle est optimisée pour réduire les accélérations transmises au châssis par tous les points d'ancrage et ce, suivant toutes les directions dans le but de réduire les vibrations avant qu'elles soient transmises au châssis et rayonnées par la suite à l'intérieur de la cabine. Les résultats de l'optimisation illustrés par le Tableau 6.9 et la Figure 6.20 montrent que le premier actionneur est positionné en amont de l'amortisseur dans le plan XY afin de contrôler les vibrations transmises par le point d'ancrage BH, d'une part suivant la direction X qui transmet 24 % de toutes les accélérations transmises par la suspension et, d'autre part suivant la direction Y qui transmet 59 % de toutes les accélérations transmises par la suspension. Le deuxième actionneur est positionné sur le porte-fusée à proximité de la source dans le plan YZ avec une faible inclinaison de seulement 11° par rapport à l'axe Y dans le but de réduire les vibrations transmises par tous les points d'ancrage suivant la direction Y qui contribuent à 64 % de toutes les accélérations transmises au châssis.

Tableau 6.9   Gènes de l'optimisation

Paramètres \ Actionneur i	1	2
Position (n_i)	9	6
Angle azimut (θ_{n_i})	47°	0°
Angle d'élévation (α_{n_i})	90°	79°

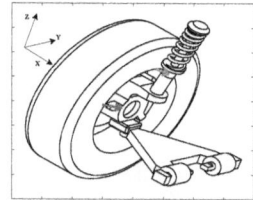

Figure 6.20 Configuration des actionneurs de contrôle

Les résultats de la réduction du critère J_{a-all} pour cette configuration optimisée des actionneurs de contrôle (voir Figure 6.21 (a)) montrent que la réduction des accélérations transmises peut atteindre plus de 8 dB sur certaines fréquences pour une réduction globale du critère de 5 dB entre 20 et 500 Hz. Pour atteindre ces performances de contrôle sur le critère J_{a-all}, les forces de contrôle sont importantes en particulier entre 250 et 360 Hz, où les forces de contrôle peuvent atteindre plus de 6 fois l'excitation primaire. En effet, sur cette bande fréquentielle, les accélérations transmises au point d'ancrage BH suivant la direction Y deviennent dominantes et peuvent atteindre plus de 5 dB (voir Figure 6.26 (b)). En conséquence, les forces de contrôle nécessaires pour réduire ces accélérations sont importantes.

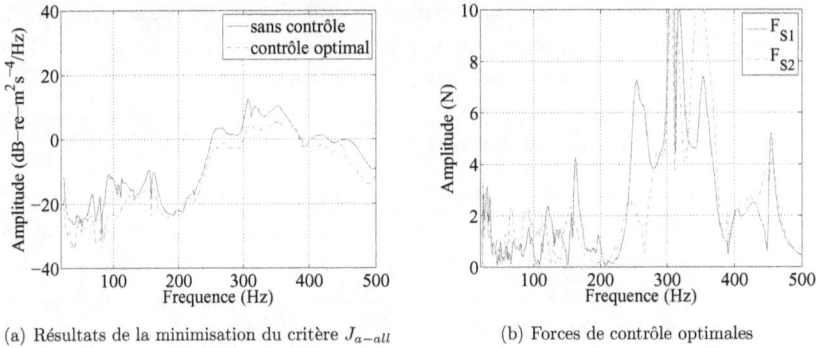

(a) Résultats de la minimisation du critère J_{a-all}

(b) Forces de contrôle optimales

Figure 6.21   Contrôle optimal du critère J_{a-all} pour une configuration avec deux actionneurs de contrôle et une excitation primaire unitaire suivant l'axe Z

L'impact de la réduction des accélérations transmises sur le critère de pression J_{P-all} présenté sur la Figure 6.22 révèle que la réduction du critère des accélérations J_{a-all} n'implique pas systématiquement une réduction du bruit à l'intérieur de la cabine. On note une réduction du critère J_{P-all} seulement entre 20 et 170 Hz qui peut atteindre jusqu'à 8 dB(A) sur certaines fréquences. La réduction globale du critère de pression entre 20 et 170 Hz est de 3.5 dB(A). Cependant, au dessus de 170 Hz, la réduction du critère J_{a-all} ne permet pas de réduire le critère de pression J_{P-all} mais au contraire il est amplifié de plus de 8 dB(A) sur certaines fréquences pour donner une amplification globale du critère de pression de 2.2 dB(A) entre 20 et 500 Hz.

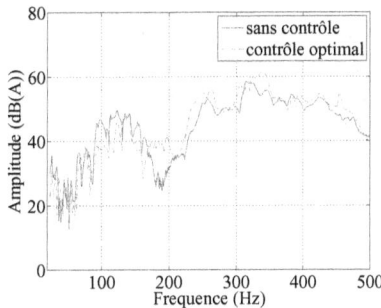

Figure 6.22   Impact du contrôle optimal du critère vibratoire J_{a-all} sur le critère acoustique J_{P-all}

On rappelle que l'objectif de la minimisation du critère des accélérations J_{a-all} est de couper les chemins de transmission des vibrations injectées par la route avant qu'elle se propagent au châssis et qu'elles soient rayonnées par la suite à l'intérieur de la cabine. La minimisation quadratique du critère J_{a-all} peut produire deux cas de figure sur chacune des 9 accélérations qui constituent ce critère, soit :

- une réduction simultanées des 9 accélérations. Dans ce cas, le critère de pression peut être réduit. Par exemple, la minimisation de J_{a-all} à 100 Hz produit une réduction des accélérations transmises par tous les points d'ancrage et suivant toutes les directions (voir Figures 6.24 à 6.26) impliquant une réduction du critère de pression de plus de 8 dB(A) à cette fréquence.

- une réduction de certaines accélérations et l'amplification d'autres. Dans ce cas, l'impact sur la pression acoustique dépend de la contribution des accélérations réduites et celles amplifiées sur le bruit à l'intérieur de la cabine. Par exemple, la minimisation de J_{a-all} à 200 Hz produit une réduction des accélérations transmises seulement au point d'ancrage BH suivant les direction Y et Z. À cette fréquence, le critère de pression est amplifié de de 7 dB(A) puisque la contribution des accélérations amplifiées est plus importante que la contribution des accélérations réduites sur la pression à l'intérieur de la cabine.

Ces cas de figure montrent que la minimisation quadratique du critère J_{a-all} peut produire une réduction du critère de pression acoustique selon la réduction des accélérations transmises par les différents point d'ancrage et leurs contributions au bruit à l'intérieur de la cabine. À ce stade, on peut se demander si une réduction simultanée de toutes les accélérations transmises au châssis sur toutes les fréquences pourrait réduire globalement le bruit de roulement à l'intérieur de la cabine entre 20 et 500 Hz ?

Pour répondre à cette question, 9 actionneurs de contrôle colocalisés ont été utilisés sur les 9 positions sur la suspension en amont des points d'ancrage. Dans ce cas, le problème du contrôle optimal est complètement déterminé (9 actionneurs de contrôle pour 9 accélérations à réduire) et la minimisation du critère J_{a-all} produit des accélérations nulles aux différents points d'ancrage suivant toutes les directions. Pourtant, le critère de pression est amplifié tout en ayant des accélérations nulles transmises au châssis (voir Figure 6.23). En effet, ce cas met en évidence la création de noeuds de vibration aux différents points d'ancrage : le contrôle par les 9 actionneurs assure un déplacement nul aux points d'ancrage mais l'énergie vibratoire est toujours transmise à travers ces points causant une amplification de la pression à l'intérieur de la cabine qui ne coupent pas les chemins de transmission du bruit primaire. En conséquence, les vibrations sont transmises voire ampli-

fiées à travers ces noeuds causant une amplification de la pression acoustique à l'intérieur
de la cabine sur toutes les fréquences au dessus de 30 Hz. En dessous de 30 Hz, la réduction
du critère vibratoire apporte une atténuation du bruit à l'intérieur de la cabine puisque à
ces fréquences, le contrôle des modes rigides de la suspension assure la non transmission
de l'énergie vibratoire à travers les différents points d'ancrage au châssis permettant ainsi
d'isoler le châssis de la suspension et d'apporter en conséquence un confort vibratoire à
l'intérieur de la cabine

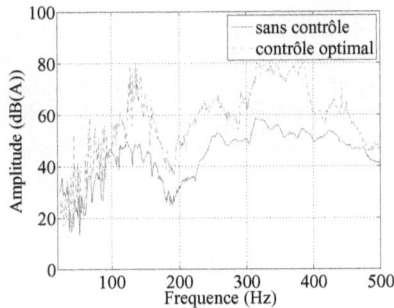

Figure 6.23   Impact du contrôle optimal du critère vibratoire J_{a-all} sur le critère
acoustique J_{P-all} en utilisant 9 actionneurs de contrôle colocalisés

Les résultats de la minimisation du critère J_{a-all} montrent que le bruit de roulement ne
peut pas être réduit globalement entre 20 et 500 Hz en utilisant ce critère. Cependant, les
accélérations aux différents points d'ancrage peuvent être utilisées pour une configuration
de contrôle déporté.

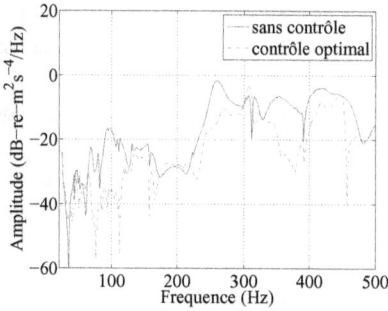

(a) Effet de la minimisation du critère J_{a-all} sur l'accélération en B_1 suivant la direction X a_{B_1X}

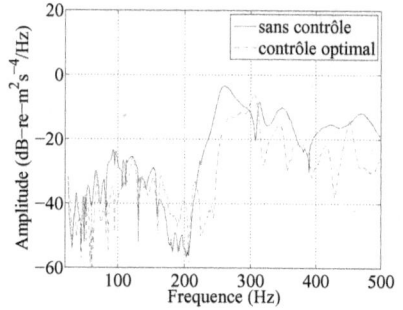

(b) Effet de la minimisation du critère J_{a-all} sur l'accélération en B_1 suivant la direction Y a_{B_1Y}

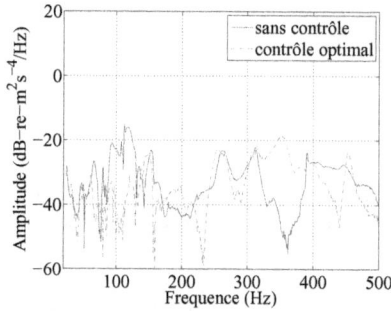

(c) Effet de la minimisation du critère J_{a-all} sur l'accélération en B_1 suivant la direction Z a_{B_1Z}

Figure 6.24   Effet du contrôle optimal sur le critère J_{a-all} sur les accélérations transmises au châssis par le point d'ancrage B_1

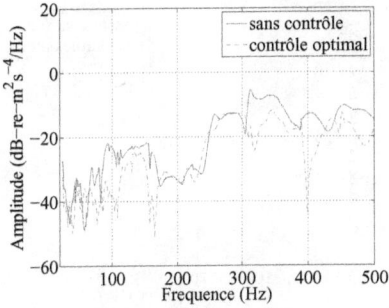

(a) Effet de la minimisation du critère J_{a-all} sur l'accélération en B_2 suivant la direction X a_{B_1X}

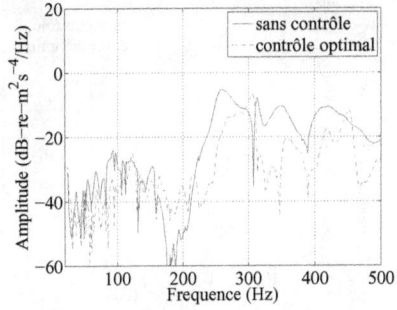

(b) Effet de la minimisation du critère J_{a-all} sur l'accélération en B_2 suivant la direction Y a_{B_1Y}

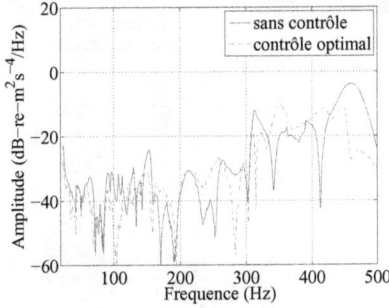

(c) Effet de la minimisation du critère J_{a-all} sur l'accélération en B_2 suivant la direction Z a_{B_1Z}

Figure 6.25   Effet du contrôle optimal sur le critère J_{a-all} sur les accélérations transmises au châssis par le point d'ancrage B_2

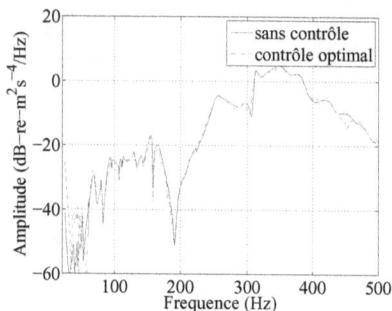

(a) Effet de la minimisation du critère J_{a-all} sur l'accélération en BH suivant la direction X a_{B_1X}

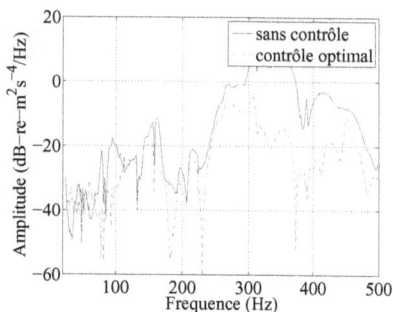

(b) Effet de la minimisation du critère J_{a-all} sur l'accélération en BH suivant la direction Y a_{B_1Y}

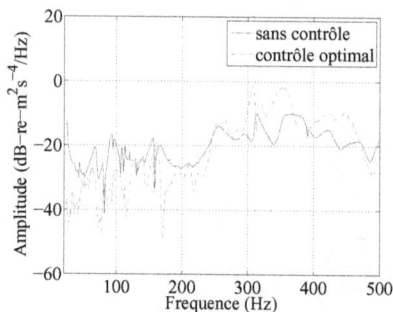

(c) Effet de la minimisation du critère J_{a-all} sur l'accélération en BH suivant la direction Z a_{B_1Z}

Figure 6.26   Effet du contrôle optimal sur le critère J_{a-all} sur les accélérations transmises au châssis par le point d'ancrage BH

6.3.3   Configuration pour la minimisation de J_{P_v-all}

Dans ce cas, la configuration des actionneurs de contrôle est optimisée dans le but de réduire le critère de pression virtuelle J_{P_v-all} construit à partir des accélérations aux différents points d'ancrage et le modèle vibro-acoustique déterminé au Chapitre 5.

Les résultats de l'optimisation pour minimiser le critère J_{P_v-all} (voir Tableau 6.10 et Figure 6.27) montrent que le premier actionneur est positionné en amont de l'amortisseur. Quant au deuxième actionneur, il est positionné sur le porte-fusée à proximité de l'axe de la roue.

Tableau 6.10   Gènes de l'optimisation

Actionneur i / Paramètres	1	2
Position (n_i)	9	5
Angle azimut (θ_{n_i})	46°	0°
Angle d'élévation (α_{n_i})	68°	43°

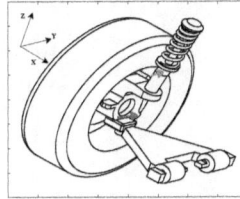

Figure 6.27 Configuration des actionneurs de contrôle

Les résultats de la minimisation du critère J_{P_v-all} pour la configuration des actionneurs de contrôle optimisée sont présentés sur la Figure 6.28 (a). La réduction du critère acoustique virtuel J_{P_v-all} est de 8.5 dB(A) entre 20 et 500 Hz et semble avoir la même performance que le contrôle du critère acoustique réel J_{P-all} (réduction globale de 8 dB(A) entre 20 et 500 Hz).

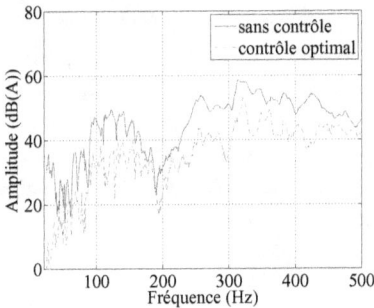

(a) Résultats de la minimisation du critère J_{P_v-all}

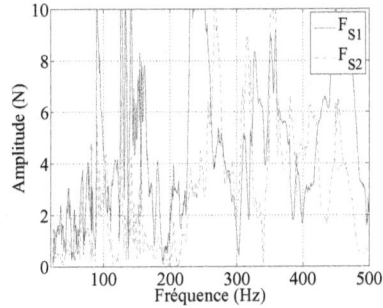

(b) Forces de Contrôle optimales

Figure 6.28   Contrôle optimal du critère J_{P_v-all} pour une configuration avec deux actionneurs de contrôle et une excitation primaire unitaire suivant l'axe Z

L'impact de la réduction de la pression virtuelle produit une réduction globale de seulement 1 dB(A) sur le critère réel de pression J_{p-all} entre 20 et 500 Hz. Des réductions importantes sont obtenues sur le critère J_{P-all} sur certaines fréquences alors que sur d'autres la pression réelle est amplifiée (voir Figure 6.29). Ces amplifications obtenues sur le critère de pression réelle peuvent être expliquées par l'erreur de reconstruction de la pression réelle en utilisant

le modèle vibro-acoustique et plus particulièrement l'erreur de reconstruction de la phase
(voir Chapitre 5).

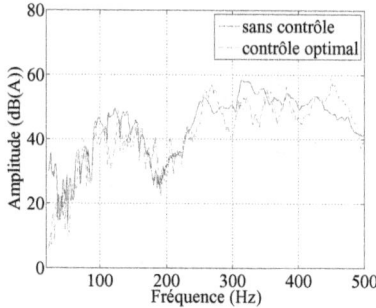

Figure 6.29   Impact du contrôle optimal du critère acoustique virtuel $J_{P_v - all}$
sur le critère acoustique réel J_{P-all}

D'autre part, il a été démontré que le modèle pour reconstruire une pression virtuelle peut
dépendre de la position de l'excitation primaire et secondaire [Garcia-bonito *et al.*, 1999;
Roure et Albarrazin, 1999]. L'idée est donc de reconstruire le modèle vibro-acoustique
dans le but de déterminer d'une manière exacte l'amplitude et la phase de chacune des
8 pressions mesurées à l'intérieur de la cabine vis-à-vis l'excitation primaire et les deux
excitations secondaires (de contrôle). Le modèle vibro-acoustique modifié s'exprime à travers la matrice $\widetilde{\mathbf{H}}^{va}$ qui met en relation la matrice des accélérations aux différents points
d'ancrage $\widetilde{\mathbf{A}}$ et la matrice des pressions acoustiques correspondante $\widetilde{\mathbf{B}}$.

$$\widetilde{\mathbf{H}}^{va} \widetilde{\mathbf{A}} = \widetilde{\mathbf{B}} \tag{6.17}$$

où :
$\widetilde{\mathbf{A}}$: est une matrice (9×9) qui contient les accélérations a_{nlmk}. Chaque colonne de cette
matrice étant le vecteur des accélérations aux différents points d'ancrage pour une excita-
tion en n suivant la direction l.
$\widetilde{\mathbf{B}}$: est une matrice (9×8) qui contient les pressions acoustiques p_{nlj}. Chaque colonne de
cette matrice étant le vecteur des 8 pressions pour une excitation en n suivant la direction
l.

Pour une configuration avec deux actionneurs de contrôle positionnés respectivement en n_1
et n_2, les mesures d'accélération et de pression utilisées pour la construction des matrices

$\widetilde{\mathbf{A}}$ et $\widetilde{\mathbf{B}}$ sont pour une excitation dans les positions $n = n_1$, $n = n_2$ et $n = 1$ (pour le primaire) et ce, suivant les trois directions d'excitation. Dans ces conditions le problème pour déterminer la matrice vibro-acoustique $\widetilde{\mathbf{H}}^{va}$ est complètement déterminé.

$$\widetilde{\mathbf{H}}^{va} = \widetilde{\mathbf{B}}\widetilde{\mathbf{A}}^{-1} \tag{6.18}$$

Le modèle vibro-acoustique ainsi construit permet de reconstruire exactement le champ de pression acoustique à l'intérieur de la cabine mais uniquement vis à vis du primaire et des deux positions d'excitation secondaire choisies. Comme ce modèle est exact, la réduction du critère virtuelle modifié $J_{\tilde{P}_v-all}$ revient exactement à réduire le critère de pression réelle J_{P-all}. Donc la configuration des actionneurs optimisée pour la minimisation J_{P-all} l'est aussi pour la minimisation $J_{\tilde{P}_v-all}$ et la performance de contrôle est la même pour chacun de ces critères.

6.3.4 Conclusions sur la configuration du contrôle sur le véhicule

L'étude des différents cas d'optimisation de la configuration des actionneurs de contrôle sur la suspension S_1 du *Buick Century* à travers différents critères de contrôle a permis de comparer la performance de différentes stratégies de contrôle en terme de réduction de bruit de roulement à l'intérieur de la cabine.

La stratégie de contrôle acoustique utilise les 8 microphones à l'intérieur de la cabine comme capteurs d'erreur et vise à minimiser le critère de pression J_{P-all}. Contrairement au système de contrôle actif mis en oeuvre par Dehandschutter qui suggère de placer les actionneurs de contrôle en aval de la suspension, l'optimisation sur le modèle expérimental montre que la meilleure configuration est obtenue pour des actionneurs placés en amont des points d'ancrage. Cette configuration des actionneurs de contrôle offre une réduction globale du bruit de roulement de 8 dB(A) entre 20 et 500 Hz.

La stratégie de contrôle vibratoire utilise les 3 accéléromètres sur les différents points d'ancrage de la suspension et vise à minimiser toutes les accélérations transmises au châssis dans le but de couper les chemins de transmission primaires du bruit de roulement avant sa propagation vers le châssis. La configuration des actionneurs optimisée pour minimiser le critère J_{a-all} offre une réduction globale des vibrations transmises au châssis de 5 dB entre 20 et 500 Hz. Cependant, l'impact de la réduction de ce critère vibratoire est une amplification globale de 2.2 dB(A) du bruit de roulement à l'intérieur de la cabine. Cette amplification est causée à la fois par la minimisation quadratique qui peut amplifier des accélérations qui ont le plus d'impact sur la pression acoustique et la création des noeuds de déplacement aux points d'ancrage qui ne coupent pas les chemins de transmission de l'énergie vibratoires.

Pour couper les chemins de transmission de l'énergie vibratoire à travers les points d'ancrage de la suspension dans le but de réduire le bruit de roulement à l'intérieur de la cabine, des capteurs d'impédance (mesure d'accélération et de force) devraient être utilisés. Cependant, l'installation de ce type de capteur sur une suspension est très difficile à mettre en oeuvre et nécessite de reconcevoir certaines composantes aux points d'attache de cette dernière avec le châssis. D'autre part, si une telle solution est envisagée, la minimisation quadratique de l'énergie transmise par la suspension au châssis risque de poser problème puisque certains chemins de transmission peuvent être amplifiés au risque d'amplifier le bruit à l'intérieur de la cabine, à moins d'utiliser un nombre considérable d'actionneurs de contrôle dans le but de réduire l'énergie transmise par chacun des points d'ancrage.

En conclusion, le contrôle vibratoire des chemins de transmission primaires utilisant des mesures d'accélération aux différent points d'ancrage de la suspension est bénéfique en basses fréquences (en dessous de 30 Hz) lors de l'apparition des premiers modes rigides de la suspension et peut donc apporter un confort vibratoire à l'intérieur de la cabine. Cependant, il ne peut pas être utilisé pour réduire globalement le bruit de roulement et apporter le confort acoustique visé sans tenir compte du comportement vibro-acoustique du châssis et la cabine automobile d'où l'idée d'une stratégie de contrôle déporté.

La stratégie de contrôle déporté utilise les 3 accéléromètres installés aux différents points d'ancrage de la suspension et le modèle vibro-acoustique qui met en relation les 8 pressions acoustiques à l'intérieur de la cabine aux accélérations transmises au châssis. Le modèle vibro-acoustique construit vis-à-vis l'excitation primaire et les excitations secondaires des deux actionneurs de contrôle permet de reconstruire exactement la pression réelle à l'intérieur de la cabine. La réduction du critère $J_{\tilde{P}_v-all}$ construit à partir des pressions virtuelles obtenues par le modèle vibro-acoustique offre en théorie la même performance que le contrôle du critère acoustique réel J_{P-all}.

6.4   Conclusion

Dans ce chapitre, un outil d'optimisation pour la configuration des actionneurs de contrôle a été développé sur le modèle expérimental de chacun du banc de test et du véhicule *Buick Century*. La combinaison d'un algorithme génétique avec la minimisation quadratique a permis de mettre en oeuvre un outil d'optimisation capable de trouver la configuration optimale (positions et orientations) des actionneurs de contrôle dans le but de réduire un critère de minimisation choisi.

Plusieurs configurations de contrôle ont été évaluées sur le modèle expérimental de la suspension du banc de test et celui de la suspension avant côté conducteur du véhicule et montrent que des réduction importantes sur le critère de minimisation choisi peuvent être obtenues.

Dans le but de réduire le bruit de roulement à l'intérieur de la cabine automobile, la meilleure performance a été obtenue pour le contrôle du critère de pression acoustique J_{P-all} et celui de pression acoustique virtuelle $J_{\tilde{P}_v-all}$.

Les résultats de contrôle pour les différentes configurations évaluées dans ce chapitre sont les résultats d'un contrôle optimal. Il est important de noter que la performance de contrôle a été obtenue dans une situation idéale. En réalité, des phénomènes comme la non-linéarité (saturation des actionneurs de contrôle par exemple) et la baisse de cohérence entre le signal de référence et les signaux d'erreur (bruit de mesure, non linéarité de la suspension ...) peuvent rendre le contrôle actif moins performant. Pour évaluer la performance du contrôle dans des conditions de laboratoire, un volet expérimental sera développé dans le prochain chapitre.

CHAPITRE 7

Implantation du contrôle actif

Afin de valider expérimentalement les différentes approches de contrôle présentées dans le Chapitre 6, un prototype de contrôle actif a été mis en oeuvre, d'une part sur la suspension du banc de test dans le but de contrôler les forces transmises par cette dernière au bâti et, d'autre part, sur la suspension avant côté conducteur du *Buick Century* dans le but d'évaluer les différentes stratégies de contrôle : contrôle acoustique, contrôle vibratoire et contrôle déporté.

7.1 Mise en oeuvre expérimentale du contrôle actif sur le banc de test

7.1.1 Configuration du système de contrôle actif

Il a été démontré dans le Chapitre 6 que la configuration optimisée des 2 actionneurs de contrôle pour la minimisation du critère $J_{F-B_{11}-B_{21}-BH}$ pour une excitation primaire de route suivant l'axe Z permet de réduire ce critère de plus de 10 dB globalement entre 20 et 250 Hz. La réduction du critère $J_{F-B_{11}-B_{21}-BH}$ en contrôle optimal offre une réduction globale du critère J_{F-all} de 8.5 dB. Ces résultats justifient le choix de la configuration des capteurs d'erreur (en force) en B_{11}, B_{21} et BH puisqu'elle assure une réduction des vibrations qui sont transmises au bâti par tous les points d'ancrage et suivant toutes les directions.

Sur le banc de test, 2 capteurs de force tri-axes ont été installés respectivement aux points d'ancrage B_{11} et B_{21}. L'extrémité de l'amortisseur BH est équipée de 3 capteurs de force uni-axiaux qui permettent de déterminer les forces transmises à ce point d'ancrage suivant les 3 directions. Les 9 signaux fournis par les différents capteurs de force en B_{11}, B_{21} et BH suivant les 3 directions ont été utilisés pour construire le critère $J_{F-B_{11}-B_{21}-BH}$ qui a été minimisé en utilisant la structure de contrôle par anticipation présentée sur la Figure 7.1.

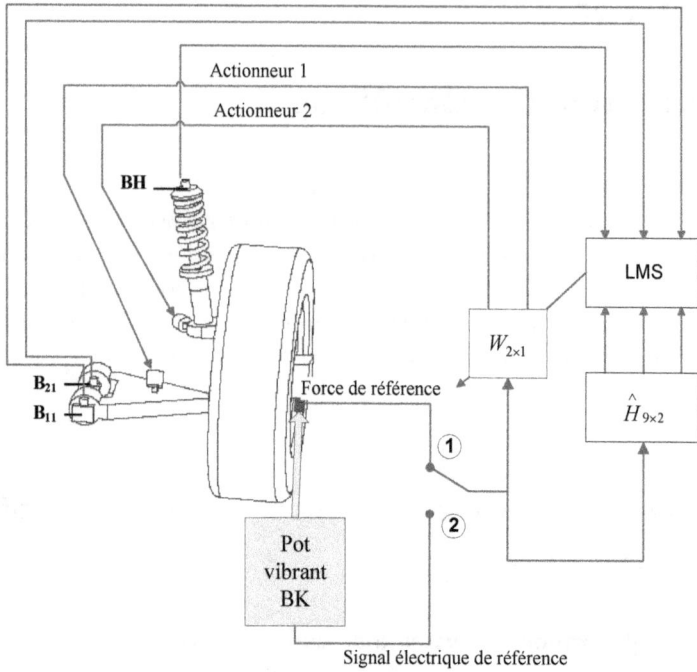

Figure 7.1   Structure du contrôle actif par anticipation sur le banc de test

Le contrôleur par anticipation est de type FX-LMS multi-canal [Elliott, 2001] qui a été implanté sur un système de prototypage de contrôle dSPACE sous l'environnement MAT-LAB/Simulink. Les fonctions de transfert secondaires ($\hat{H}$) ont été identifiées hors-ligne (sans le bruit primaire) en mono-fréquentielle avec des filtres à réponse impulsionnelle finie (Finite Impulse Response FIR) dont les coefficients ont été déterminés avec un algorithme du gradient (Least Mean Square LMS).

Le système de contrôle actif mis en oeuvre sur le banc de test a été expérimenté fréquence par fréquence entre 50 et 250 Hz avec un pas fréquentiel de 5 Hz. À chaque fréquence, les 2 filtres de contrôle (W) ainsi que les 18 filtres d'identification ($\hat{H}$) ont été implantés avec des filtre FIR à 4 coefficients. Ce choix de réaliser les expériences de contrôle actif fréquence par fréquence se justifie, d'une part, par le nombre limité des coefficients des filtres pouvant être utilisés sur dSPACE pour réaliser les expériences en temps réel à une fréquence d'échantillonnage de 1 kHz et, d'autre part, par la limite des forces de

contrôle pouvant être fournies par les actionneurs de contrôle ADD. Dans ces conditions, le
bruit primaire a été adapté pour maximiser le rapport signal/bruit aux différents capteurs
d'erreur tout en respectant la condition que les actionneurs de contrôle ne soient pas
saturés.

Le bruit primaire a été injecté suivant la direction verticale par un pot vibrant fixé sur l'axe
de la roue par l'intermédiaire d'une tige flexible équipée d'un capteur de force uni-axial.
Pendant les expériences de contrôle actif sur le banc de test, le signal électrique fourni
par dSPACE pour le pot vibrant et le signal de force injectée sur l'axe de la roue ont
été utilisés en succession comme signal de référence pour le contrôleur FX-LMS. L'évaluation du contrôle pour chaque type de référence a pour objectif d'observer s'il existe
une perturbation de la mesure de référence fournie par le capteur de force qui peut être
causée par une possible retro-action des forces de contrôle sur cette mesure. Si c'est le cas,
alors l'utilisation de ce dernier comme référence dans le contrôleur risque de dégrader la
performance du contrôle.

La configuration des actionneurs de contrôle, optimisée pour la minimisation du critère
$J_{F-B_{11}-B_{21}-BH}$, a été réalisée sur le banc de test en utilisant deux actionneurs de contrôle
inertiels ADD (voir Figure 7.2). Chacun des deux actionneurs a été fixé aux positions et
suivant les orientation déterminées par l'algorithme génétique par l'intermédiaire d'une
pièce d'attache qui a été collée sur le montage. Afin de mesurer les forces de contrôle,
chaque actionneur a été équipé d'un capteur de force.

Figure 7.2   Configuration des actionneurs de contrôle sur le banc de test

7.1.2 Résultats expérimentaux

Les résultats du contrôle actif des forces transmises par les points d'ancrage B_{11}, B_{21} et BH suivant les trois directions seront présentés conjointement avec les résultats de contrôle optimal déterminés à l'aide du modèle expérimental de la suspension pour la même configuration du contrôle.

Les résultats de la réduction du critère $J_{F-B_{11}-B_{21}-BH}$ sont présentés sur la Figure 7.3. Le contrôle optimal à l'aide du modèle expérimental de la suspension prédit une réduction moyenne du critère de 7.9 dB entre 50 et 250 Hz. La réduction expérimentale du même critère est en moyenne de 4.4 dB lorsque la mesure de force sur l'axe de la roue est utilisée comme signal de référence alors que la réduction moyenne est de 4.6 dB lorsque le signal électrique du pot vibrant est utilisé comme référence. Ceci montre, d'une part, que la mesure de force de référence est peu affectée par les forces de contrôle et, d'autre part, que la réduction expérimentale du critère $J_{F-B_{11}-B_{21}-BH}$ est moins performante que celle prévue par le contrôle optimal.

Cette différence de performance entre le contrôle expérimental et le contrôle optimal peut être expliquée par un problème de convergence lente de l'algorithme de contrôle (évoqué plus loin) et la résolution des capteurs de force installés aux différents points d'ancrage. En effet, l'amplitude de la force primaire a été ajustée pour maximiser les forces mesurées au différents capteurs d'erreur sans que les forces nécessaires pour le contrôle dépassent la limite de saturation des actionneurs de contrôle. Ce compromis est difficile à mettre en oeuvre expérimentalement et, dans la plupart des cas, c'est la non-saturation des actionneurs qui a été respectée. Dans ces conditions, et lorsque le contrôle n'est pas en marche, la cohérence entre le signal de référence (mesure de force ou le signal de dSPACE) et les mesures de forces aux points d'ancrage B_{11}, B_{21} et BH est généralement supérieure à 0.95. Cependant, lorsque le contrôle est en marche, les forces transmises aux différents points d'ancrage sont réduites et la résolution limite des capteurs d'erreur est atteinte avant que le système de contrôle converge vers la solution optimale.

D'un autre côté, la Figure 7.3 montre qu'à certaines fréquences (55, 105, 155, 160 et 250 Hz), la réduction expérimentale du critère $J_{F-B_{11}-B_{21}-BH}$ est plus importante que celle prédite par le contrôle optimal. Ceci est dû à une erreur d'orientations des actionneurs de contrôle. En effet, le montage des actionneurs de contrôle sur la suspension a été réalisé avec une erreur estimée $\pm 10^o$ par rapport aux angles obtenus par l'algorithme génétique.

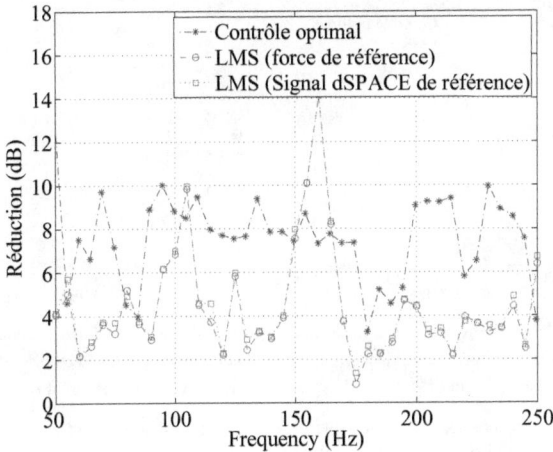

Figure 7.3   Comparaison entre la performance d'un contrôle optimal et celles
obtenues expérimentalement sur le banc de test en utilisant la mesure de force
primaire comme référence puis le signal du bruit primaire généré par la station
dSPACE

Les Figures 7.4 (a) et (b) présentent les forces de contrôle F_{s_1} et F_{s_2}, délivrées respectivement par l'actionneur 1 et l'actionneur 2, normalisées par rapport à la force primaire
injectée sur l'axe de la roue suivant la direction Z. Ces rapports illustrent l'autorité (capacité de chaque actionneur à fournir la force de contrôle) requise de chaque actionneur de
contrôle par rapport au bruit primaire. La Figure 7.4 (a) montre que le rapport F_{s_1}/F_{1Z}
obtenu expérimentalement sur le banc de test converge vers le rapport prédit par le modèle
expérimental. Cependant, le rapport F_{s_2}/F_{1Z} obtenu expérimentalement demeure inférieur
à celui prédit par le modèle(voir 7.4 (b)). Ce résultat explique la différence entre la performance du contrôle optimal et celle du contrôle réalisé sur le banc de test.

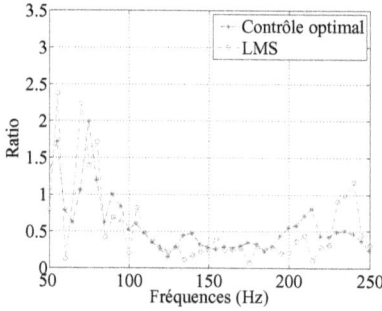

(a) Ratio entre la force du contrôle fournie par l'actionneur 1 et la force primaire injectée par le pot vibrant sur l'axe de la roue

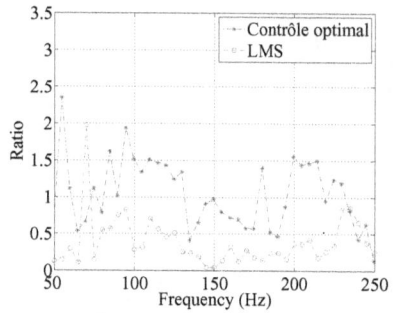

(b) Ratio entre la force du contrôle fournie par l'actionneur 2 et la force primaire injectée par le pot vibrant sur l'axe de la roue

Figure 7.4   Forces de contrôle optimales et celles obtenues expérimentalement par les deux actionneurs de contrôle

Dans le but d'apporter une réponse à l'incapacité de l'actionneur 2 à fournir la force de contrôle nécessaire, une étude de la matrice des FRFs secondaires sera menée à travers sa décomposition en valeurs singulières (Singular Value Decomposition SVD) [Cabell, 1998]. La matrice des FRFs secondaires pour la configuration des actionneurs de contrôle réalisée sur le banc de test qui sera notée $\mathbf{H}_s^\dagger$ est obtenue par l'équation (7.1)

$$\mathbf{H}_s^\dagger = \mathbf{H}_s^T \mathbf{M} \tag{7.1}$$

où :

- $\mathbf{H}_s$ est la matrice des FRFs secondaires qui contient les FRFs $H_{n_i lmk}$ sur le banc de test entre une excitation secondaire appliquée successivement sur les positions n_i obtenues par l'algorithme génétique et les capteurs d'erreur m choisis pour la configuration du contrôle (B_{11}, B_{21} et BH) et ce, suivant les 3 directions.

- $\mathbf{M}$ est une matrice de projection en coordonnées sphériques pour les orientations optimisées ($\theta_{n_i}, \alpha_{n_i}$) de chaque actionneur de contrôle i (voir l'équation (6.2) au Chapitre 6).

La matrice $\mathbf{H}_s^\dagger$ est donc une matrice (9×2) entre les forces de contrôle injectées sur le banc de test dans la configuration optimisée des actionneurs et les différents capteurs d'erreur

utilisés pour la construction du critère de minimisation. La SVD de la matrice $\mathbf{H}_s^\dagger$ permet
de factoriser cette dernière matrice et de l'écrire sous cette forme :

$$\mathbf{H}_s^\dagger = \mathbf{USV}^H \tag{7.2}$$

où :

- $\mathbf{V}$ est une matrice (2×2) des vecteurs singuliers à droite.

- $\mathbf{U}$ est une matrice (9×9) des vecteurs singuliers à gauche.

- $\mathbf{S}$ est une matrice diagonale (9×2) qui contient les valeurs singulières de la matrices
  des FRFs secondaires $\mathbf{H}_s^\dagger$ ordonnées de façon décroissante le long de la diagonale..

Chaque colonne de la matrice $\mathbf{V}$ est un vecteur singulier formant ainsi une matrice de
changement de base qui permet de projeter les forces de contrôle dans la base principale.
La valeur absolue des composantes V_{11} et V_{12} de la matrice $\mathbf{V}$ en fonction de la fréquence
sont présentées sur la Figure 7.5 (b). Comme les deux colonnes de la matrice $\mathbf{V}$ sont
orthonormées alors $\mid V_{11} \mid = \mid V_{22} \mid$ et $\mid V_{12} \mid = \mid V_{21} \mid$.
La moyenne de $\mid V_{ii} \mid$ est de 0.9 alors que la moyenne de $\mid V_{ij} \mid$ pour $i \neq j$ est de 0.3 entre
50 et 250 Hz. Ceci montre que les chemins de transmission entre un actionneur de contrôle
et l'ensemble des capteurs d'erreur aux points d'ancrage B_{11}, B_{21} et BH sont relativement
indépendants de ceux du deuxième actionneur. Comme la valeur singulière S_{11} associée à
la première composante principale est significativement plus importante que celle associée
à la deuxième composante principale (voir Figure 7.5 (a)), la convergence de la commande
de l'actionneur 1 est alors atteinte plus rapidement que celle de l'actionneur 2 en utilisant
le FX-LMS comme contrôleur.

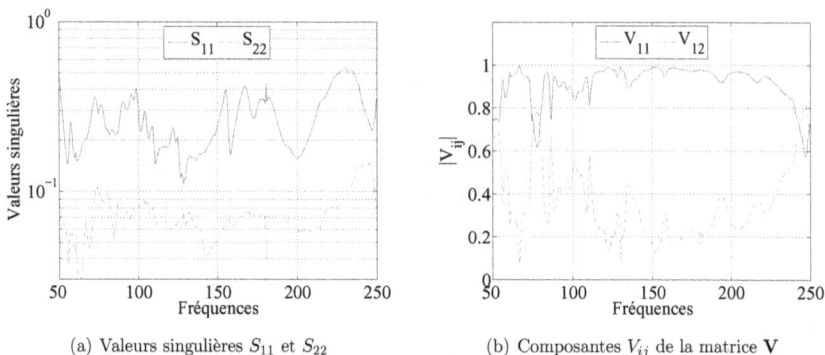

(a) Valeurs singulières S_{11} et S_{22} (b) Composantes V_{ij} de la matrice $\mathbf{V}$

Figure 7.5   Décomposition en valeurs singulières de la matrice des chemins de transfert secondaires

Lors des expériences de contrôle actif sur le banc de test, la commande de l'actionneur 1 a été donc atteinte plus rapidement que celle de l'actionneur 2. Donc, quand la convergence de la commande de l'actionneur 1 est atteinte, la mesure des forces transmises par les capteurs d'erreur est réduite et peut atteindre la limite de résolution des capteurs. Dans ce cas, les signaux d'erreur présentent un rapport signal/bruit très faible causant la baisse de la cohérence entre les capteurs d'erreur et le capteur de référence. Dans ces conditions, l'actionneur 2 ne peut pas produire une atténuation additionnelle sur les capteurs d'erreur.

7.2   Mise en oeuvre expérimentale du contrôle actif sur le véhicule

7.2.1   Configuration du système de contrôle actif

Il a été démontré au Chapitre 6 que la configuration optimisée des actionneurs de contrôle pour la minimisation du critère de pression J_{P-all}, pour une excitation primaire normalisée de spectre plat injectée sur l'axe de la roue suivant la direction Z, permet de réduire ce critère de 8 dB(A) globalement entre 20 et 500 Hz. Par ailleurs, la configuration optimisée des actionneurs de contrôle pour minimiser le critère de pression J_{P-all} permet aussi d'avoir la même performance sur la réduction de la pression acoustique à l'intérieur de la cabine en utilisant une stratégie de contrôle déporté avec $J_{\tilde{P}_v-all}$ comme fonction coût. Ces résultats justifient le choix de mettre en place la configuration des actionneurs de contrôle obtenue pour la minimisation du critère J_{P-all} sur la suspension S_1 du *Buick Century* (voir Figure

7.6). Pour cette configuration des actionneurs de contrôle, trois stratégies de contrôle ont
été réalisées expérimentalement, soit : 1) une stratégie de contrôle acoustique utilisant
J_{P-all} comme critère, 2) une stratégie de contrôle vibratoire utilisant J_{a-all} comme critère
et 3) une stratégie de contrôle déporté utilisant $J_{\tilde{P}_v-all}$ comme critère.

Pour construire les différents critères, chacun des points d'ancrage B_1, B_2 et BH de la
suspension avant côté conducteur (S_1) du *Buick Century* a été équipé d'un accéléromètre
tri-axes. D'autre part, à l'intérieur de la cabine, 8 microphones ont été installés (2 microphones par passager). Ces différents capteurs d'erreur ont été utilisés dans la suite pour
construire les différentes stratégies de contrôle (voir Figure 7.6) :

1. **Contrôle acoustique :** Dans ce cas, le contrôle vise à réduire le critère de pression
   acoustique J_{P-all} qui est construit à partir des mesures de pression fournies par les
   $n_e = 8$ microphones installés à l'intérieur de la cabine.

2. **Contrôle vibratoire :** Dans ce cas, le contrôle vise à réduire le critère d'accélération
   J_{a-all} construit à partir de $n_e = 9$ mesures d'accélération fournies par les 3 accéléromètre tri-axes installés aux points d'ancrage B_1, B_2 et BH. L'impact de la réduction
   du critère vibratoire sur le critère de pression est déterminé en temps réel par les
   mesures fournies par les microphones installés à l'intérieur de la cabine.

3. **Contrôle déporté :** Dans ce cas, le contrôle vise à réduire le critère de pression virtuelle $J_{\tilde{P}_v-all}$ ($n_e = 8$ pressions acoustiques virtuelles) construit à partir de la mesure
   des 9 accélérations aux différents points d'ancrage de la suspension et du modèle
   vibro-acoustique modifié $\tilde{\mathbf{H}}^{va}$ pour la configuration des actionneurs de contrôle réalisée sur le véhicule (voir Chapitre 6). Chaque composante de la matrice $\tilde{\mathbf{H}}^{va}$ a été
   implantée dans l'environnement MATLAB/Simulink par l'intermédiaire d'un gain
   et d'une phase qui s'exprime comme un délai multiple entier de la période d'échantillonnage.

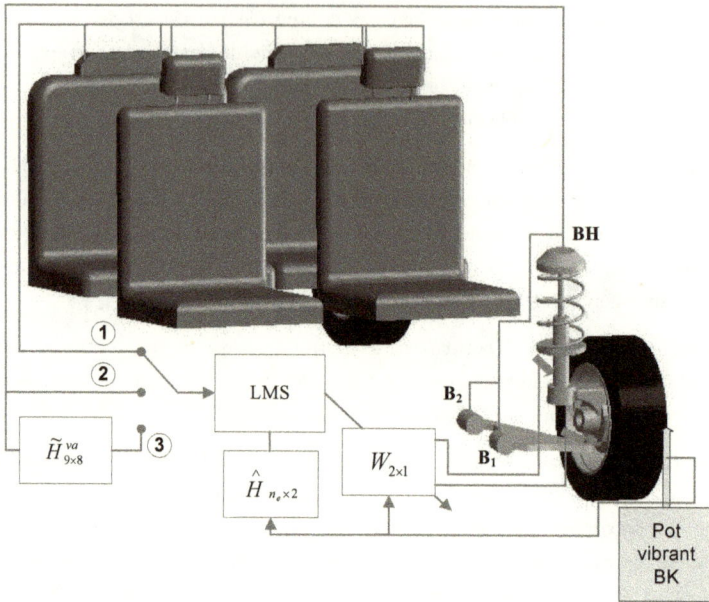

Figure 7.6 Structure du contrôle par anticipation sur le véhicule : 1 contrôle acoustique ; 2 contrôle vibratoire ; 3 contrôle acoustique déporté

Pour les différents critères construits, le contrôle actif a été réalisé par un contrôleur FX-LMS implanté sur la plate-forme dSPACE à une fréquence d'échantillonnage de 2 kHz. Les fonctions de transfert secondaires ont été identifiées hors-ligne avec des filtres FIR dont les coefficients ont été déterminés par LMS.

Le système de contrôle actif ainsi construit sur le véhicule a été expérimenté fréquence par fréquence entre 60 et 350 Hz avec un pas fréquentiel de 10 Hz pour un bruit primaire injecté par un pot vibrant BK sur l'axe de la roue suivant la direction Z. La tige flexible qui lie le pot vibrant à l'axe de la roue a été équipée d'un capteur de force qui produit une référence pour le contrôleur par anticipation. Tout comme sur le banc de test, l'amplitude de la force primaire a été ajustée pour produire un rapport signal/bruit acceptable aux différents capteurs d'erreur sans que les forces nécessaires pour le contrôle dépassent la limite de saturation des actionneurs de contrôle.

7.2.2   Résultats expérimentaux

Résultats du contrôle acoustique

Les résultats de la réduction du critère acoustique J_{P-all} sont présentés sur la Figure 7.7.
Le contrôle optimal à l'aide du modèle expérimental du véhicule prédit des réductions
entre 4 et plus que 23 dB sur la bande fréquentielle 60-350 Hz. Les réductions les plus
importantes sont obtenues sur les bandes 60-140 Hz et 230-350 Hz avec des valeurs de
réduction qui dépassent 10 dB.

Les résultats du contrôle expérimental du critère J_{P-all} montrent des réductions qui varient
entre 0 et 13 dB. Pour une excitation primaire normalisée à 1 N sur toutes les fréquences
entre 60 et 350 Hz avec un pas de 10 Hz, le contrôle optimal du critère acoustique présente
une réduction globale de 9 dB(A) alors que le contrôle expérimental présente seulement
une réduction globale de 4 dB(A).

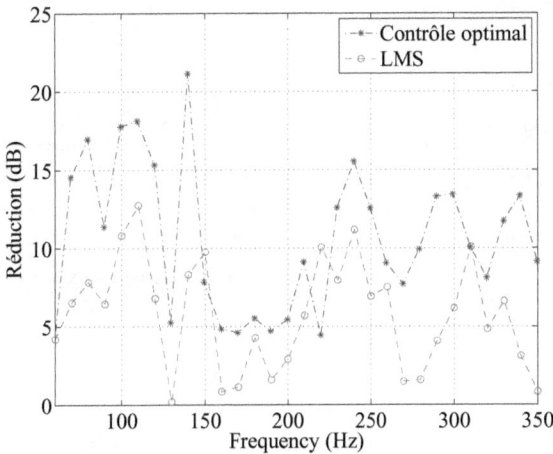

Figure 7.7   Comparaison entre la performance d'un contrôle optimal et celle
obtenue expérimentalement sur le *Buick Century* en utilisant la mesure de force
primaire comme référence et J_{P-all} comme fonction coût

La différence de performance entre le contrôle expérimental et le contrôle optimal peut
être expliquée, en partie, par l'autorité des actionneurs de contrôle. Les Figures 7.8 (a) et
(b) présentent les forces de contrôle F_{s_1} et F_{s_2} normalisées par rapport à la force primaire
injectée sur l'axe de la roue F_{1Z}. La Figure 7.8 (b) montre que le rapport F_{s_2}/F_{1Z} obtenu
expérimentalement sur le véhicule converge vers le rapport prédit par le modèle expérimen-

tal. Cependant, le rapport F_{s_1}/F_{1Z} obtenu expérimentalement demeure largement inférieur
à celui prédit par le modèle (Figure 7.8 (a)). En effet, les forces de contrôle demandées
à l'actionneur 1 sont importantes et peuvent atteindre jusqu'à plus de 5 fois l'excitation
primaire. Même si cette dernière a été ajustée pour respecter un compromis entre le rapport signal/bruit mesuré aux capteurs d'erreur et la non saturation des actionneurs de
contrôle, la première condition a été privilégiée causant la saturation de l'actionneur 1 et
son incapacité à fournir la force nécessaire au contrôle.

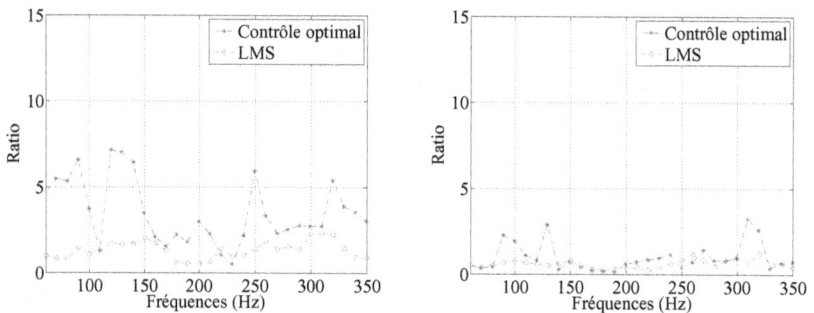

(a) Ratio entre la force du contrôle fournie par
l'actionneur 1 et la force primaire injectée par le
pot vibrant sur l'axe de la roue

(b) Ratio entre la force du contrôle fournie par
l'actionneur 2 et la force primaire injectée par le
pot vibrant sur l'axe de la roue

Figure 7.8   Forces de contrôle optimales et celles obtenues expérimentalement
par les deux actionneurs de contrôle

L'étude SVD de la matrice $\mathbf{H}_s^{\dagger}$ entre les forces de contrôle injectées sur le véhicule dans
la configuration des actionneurs optimisée pour minimiser le critère J_{P-all} et les 8 micro-
phones à l'intérieur de la cabine montre que la moyenne de $|V_{ii}|$ est de 0.28 alors que
la moyenne de $|V_{ij}|$ pour $i \neq j$ est de 0.94 entre 60 et 350 Hz (voir Figure 7.9 (b)) .
Ceci montre que les chemins de transmission entre un actionneur de contrôle et l'ensemble
des microphones sont indépendants de ceux du deuxième actionneur. Comme la valeur
singulière S_{11} associée à la première composante principale est significativement plus importante que celle associée à la deuxième composante principale (voir Figure 7.9 (a)), la
convergence de la commande de l'actionneur 2 est alors atteinte plus rapidement que celle
de l'actionneur 1 en utilisant le FX-LMS comme contrôleur.

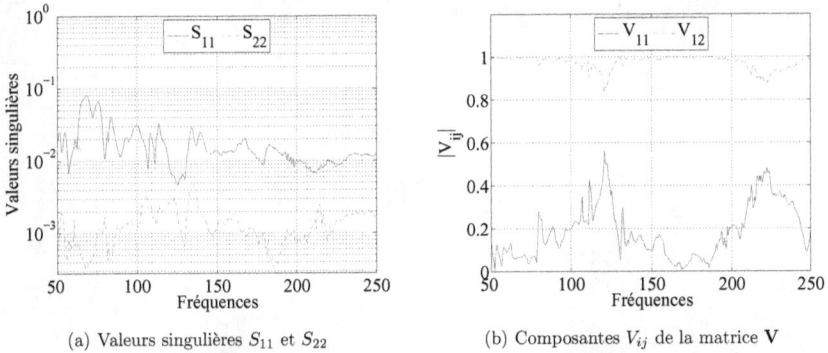

(a) Valeurs singulières S_{11} et S_{22}

(b) Composantes V_{ij} de la matrice $\mathbf{V}$

Figure 7.9   Décomposition en valeurs singulières de la matrices des chemins de transfert secondaires

Lors des expériences du contrôle actif du critère acoustique sur le véhicule, la commande de l'actionneur 2 a été donc atteinte plus rapidement que celle de l'actionneur 1. Donc, quand la convergence de la commande de l'actionneur 2 est atteinte, les mesures de pression acoustique à l'intérieur de la cabine sont réduites et peuvent atteindre la limite de résolution des microphones. Dans ce cas, les signaux d'erreur présentent un rapport signal/bruit très faible causant la baisse de la cohérence entre les capteurs d'erreur et le capteur de référence et, dans ces conditions, l'actionneur 1 ne peut pas produire une atténuation additionnelle sur les capteurs d'erreur.

Résultats du contrôle vibratoire

La Figure 7.10 présente l'impact de la réduction du critère vibratoire J_{a-all} sur le critère acoustique J_{P-all}. Le contrôle optimal du critère vibratoire sur le modèle expérimental du véhicule prédit des réduction à certaines fréquences et des amplifications sur d'autres du critère acoustique alors que le contrôle expérimental du critère vibratoire produit des réductions sur le critère de pression sur la plupart des fréquences. Expérimentalement, les amplifications du critère acoustique sont produites seulement à 130, 150, 190 et 280 Hz.

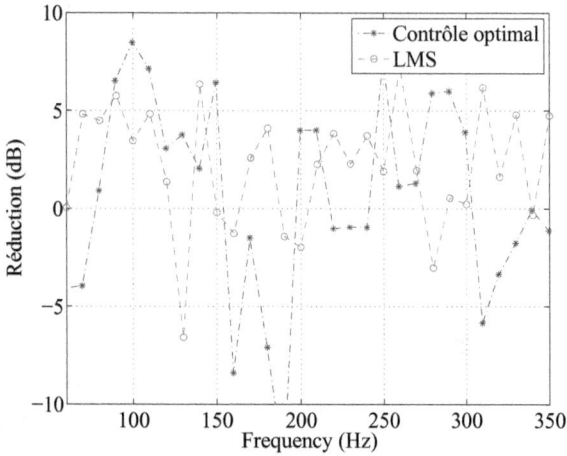

Figure 7.10 Comparaison entre la performance d'un contrôle optimal et celle obtenue expérimentalement sur le *Buick Century* en utilisant la mesure de force primaire comme référence et J_{a-all} comme fonction coût

Pour une excitation primaire normalisée à 1 N sur toutes les fréquences entre 60 et 350 Hz avec un pas de 10 Hz, le contrôle optimal du critère vibratoire produit une amplification globale du critère acoustique de 1.5 dB(A) alors que le contrôle expérimental du critère vibratoire produit une réduction globale du critère acoustique de 1 dB(A). Ces résultats montrent que le contrôle expérimental du critère vibratoire produit, d'une part, une réduction globale du critère acoustique et, d'autre part, que la performance atteinte expérimentalement sur le critère de pression est supérieures à la performance d'un contrôle optimal. Ceci s'explique en grande partie par l'autorité des actionneurs de contrôle. En effet, d'après les Figure 7.11 (a) et (b), les forces délivrées par les deux actionneurs de contrôle sont inférieures aux forces optimales nécessaires pour un contrôle optimal à cause de la saturation des actionneurs de contrôle.

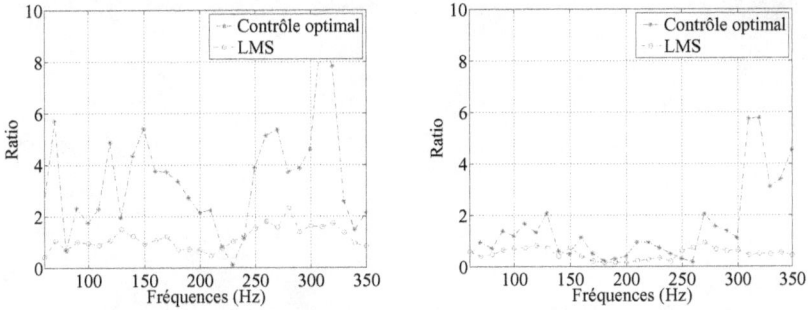

(a) Ratio entre la force du contrôle fournie par
l'actionneur 1 et la force primaire injectée par le
pot vibrant sur l'axe de la roue

(b) Ratio entre la force du contrôle fournie par
l'actionneur 2 et la force primaire injectée par le
pot vibrant sur l'axe de la roue

Figure 7.11 Forces de contrôle optimales et celles obtenues expérimentalement
par les deux actionneurs de contrôle

D'autre part, l'étude SVD de la matrice $\mathbf{H}_s^\dagger$ entre les forces de contrôle injectées sur le
véhicule dans la configuration des actionneurs réalisée sur le véhicule et les 9 accélérations
au différents points d'ancrage de la suspension montre que la moyenne de $\mid V_{ii} \mid$ est de 0.32
alors que la moyenne de $\mid V_{ij} \mid$ pour $i \neq j$ est de 0.92 entre 60 et 350 Hz (voir Figure 7.12
(b)) . Ceci montre que les chemins de transmission entre un actionneur de contrôle et l'ensemble des capteurs d'erreur sont indépendants de ceux du deuxième actionneur. Comme
la valeur singulière S_{11} associée à la première composante principale est significativement
plus importante que celle associée à la deuxième composante principale (voir Figure 7.12
(a)), la convergence de la commande de l'actionneur 2 est alors atteinte plus rapidement
que celle de l'actionneur 1 en utilisant le FX-LMS comme contrôleur. Lors des expériences
de contrôle, lorsque la commande de l'actionneur 2 converge, les accélérations sont réduites
aux différents capteurs d'erreur et le rapport signal/bruit devient faible causant la baisse
de la cohérence entre la référence et les capteurs d'erreur. Dans ces conditions, l'actionneur
1 ne peut pas produire une atténuation supplémentaire.

L'autorité des actionneurs de contrôle et la baisse de cohérence entre les capteurs d'erreur
et la référence lors du contrôle font que le contrôle optimal sur le critère vibratoire n'est pas
atteint, ce qui semble être bénéfique sur le critère acoustique puisque les amplifications sur
ce critère ont été seulement obtenues sur quelques fréquences alors que pour un contrôle
optimal, le critère acoustique a été amplifié sur une plus grande plage de fréquences.

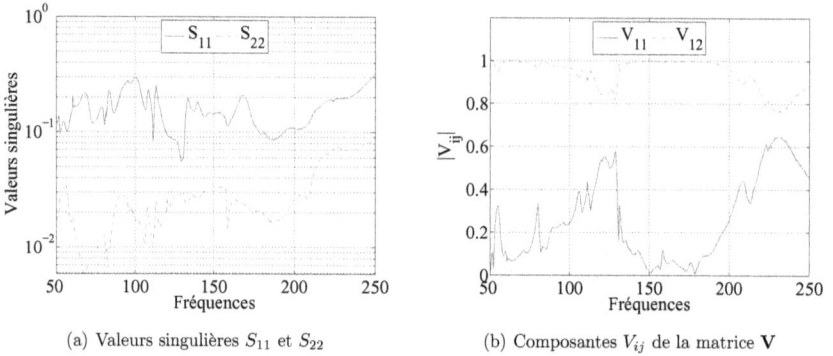

(a) Valeurs singulières S_{11} et S_{22}

(b) Composantes V_{ij} de la matrice $\mathbf{V}$

Figure 7.12 Décomposition en valeurs singulières de la matrices des chemins de transfert secondaires

Résultats du contrôle déporté

La Figure 7.13 présente l'impact de la réduction du critère acoustique déporté $J_{\tilde{P}_v-all}$ sur le critère acoustique réel J_{P-all}. Sur le modèle expérimental (en contrôle optimal), le critère virtuel correspond au critère réel puisque le modèle vibro-acoustique modifié a été construit d'une manière exacte adaptée à l'excitation primaire et à la position de chaque actionneur de contrôle. Donc, sur le modèle expérimental, réduire la pression virtuelle revient exactement à réduire la pression réelle avec la même performance de contrôle.

Le contrôle expérimental du critère de pression virtuel produit des réductions sur le critère de pression réel sur la plupart des fréquences entre 60 et 350 Hz. Cependant, des amplifications à 130, 160, 170, 210, 270, 280, 290, 300 et 340 Hz ont été obtenues sur le critère de pression réel à l'intérieur de la cabine.

Pour une excitation primaire normalisée à 1 N sur toutes les fréquences entre 60 et 350 Hz avec un pas de 10 Hz, le contrôle optimal du critère de pression virtuel produit une réduction globale de 9 dB(A) sur le critère de pression réel alors que le contrôle expérimental du critère de pression virtuel produit une amplification globale du critère acoustique réel de 1 dB(A).

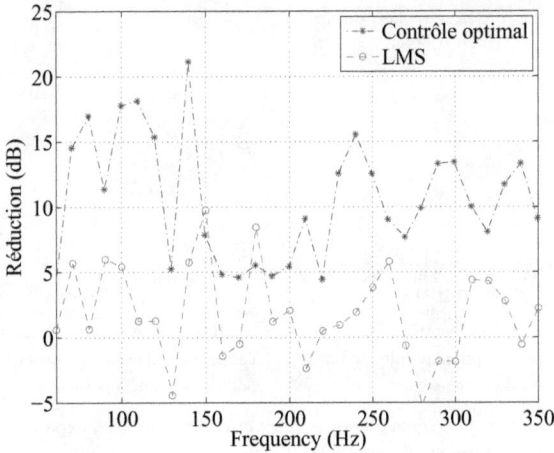

Figure 7.13 Comparaison entre la performance d'un contrôle optimal et celle
obtenue expérimentalement sur la réduction du critère de pression acoustique
réelle J_{P-all} en utilisant la mesure de force primaire comme référence et $J_{\tilde{P}_v-all}$
comme fonction coût

Les Figures 7.14 (a) et (b) présentent les forces de contrôle F_{s_1} et F_{s_2} fournies par chacun
des actionneurs de contrôle et normalisées par rapport à l'excitation primaire. La Figure
7.14 (b) montre que expérimentalement, l'actionneur 2 converge vers sa solution optimale
tandis que l'actionneur 1 ne peut pas fournir la force nécessaire pour le contrôle optimal
du critère acoustique virtuel $J_{\tilde{P}_v-all}$ à cause de sa saturation.

D'autre part, les forces de contrôle délivrées par les deux actionneurs pour réduire le
critère de pression virtuel $J_{\tilde{P}_v-all}$ sont comparables aux forces de contrôle obtenues lors
du contrôle du critère acoustique réel J_{P-all} (voir Figures 7.8 (a) et (b)) alors que les
performance expérimentale de ce dernier sont plus importantes en terme de réduction
de la pression acoustique à l'intérieur de la cabine. Comment peut-on alors expliquer la
dégradation de performance du contrôle déporté alors qu'il devrait produire les mêmes
atténuations que le contrôle de pression réel?

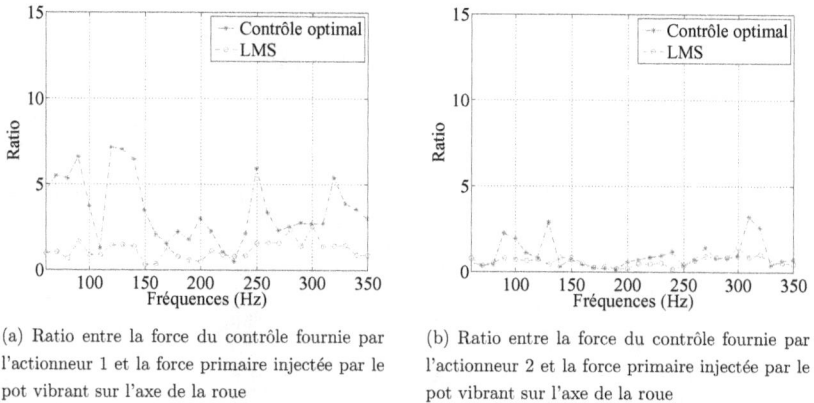

(a) Ratio entre la force du contrôle fournie par l'actionneur 1 et la force primaire injectée par le pot vibrant sur l'axe de la roue

(b) Ratio entre la force du contrôle fournie par l'actionneur 2 et la force primaire injectée par le pot vibrant sur l'axe de la roue

Figure 7.14   Forces de contrôle optimales et celles obtenues expérimentalement par les deux actionneurs de contrôle

On rappelle que le modèle vibro-acoustique modifié a été construit en utilisant les FRFs primaires et les FRFs secondaires (relatives à la position optimisée de chaque actionneur de contrôle) identifiées auparavant lors de la construction du modèle expérimental du véhicule. Entre-temps, le modèle vibro-acoustique a pu évoluer même si les conditions expérimentales demeurent sensiblement les mêmes.

La Figure 7.15 présente les critères J_{P-all} et $J_{\tilde{P}_v-all}$ lors de la réalisation expérimentale du contrôle actif sur le véhicule pour une excitation primaire verticale de spectre plat d'amplitude 1 N. Cette figure met en évidence que le critère virtuel construit à partir des accélérations aux différents points d'ancrage de la suspension et le modèle vibro-acoustique ne permet pas de reproduire exactement le critère réel de pression. Par conséquent, la réduction du critère de pression virtuel ne produit pas les performances attendues sur le contrôle de la pression réelle et cela à cause de l'évolution du modèle vibro-acoustique. En effet, ce modèle n'est pas robuste et le moindre changement dans les conditions expérimentales cause une erreur importante sur la reconstruction du critère de pression réel.

Pour reconstruire correctement la pression réelle, le modèle vibro-acoustique devrait donc être identifié juste avant les tests de contrôle. Ceci pose deux problèmes d'ordre pratique. Le premier est que pour identifier le modèle vibro-acoustique vis-à-vis le primaire et les deux excitations secondaires, les FRFs primaires et secondaires doivent être identifiées et cela pour une excitation suivant chaque direction appliquée sur ces positions.

D'autre part, on rappelle que l'intérêt du contrôle déporté est de proposer un système de contrôle sans microphone à l'intérieur de la cabine. Cependant, la nécessité d'identifier le modèle vibro-acoustique avant la mise en oeuvre du contrôle impose l'installation des microphones, d'où la limitation de la stratégie de contrôle déporté.

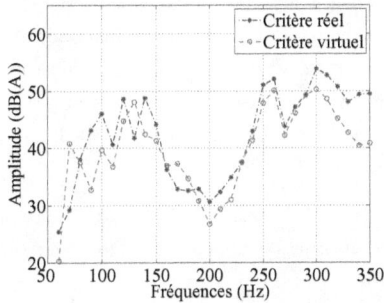

Figure 7.15 Comparaison entre le critère de pression réel J_{P-all} et le critère de pression virtuel $J_{\tilde{P}_v-all}$ reconstruit par le modèle vibro-acoustique en utilisant une excitation primaire verticale de spectre plat de 1 N

7.3 Conclusion

Dans ce chapitre, la mise en oeuvre du contrôle actif a permis d'évaluer la performance de contrôle sur la suspension du banc de test d'une part et sur la suspension avant côté conducteur du véhicule *Buick Century* d'autre part.

Le système de contrôle mis en oeuvre sur le banc de test est constitué de 2 actionneurs de contrôle et 9 mesures d'erreur visant à réduire les forces transmises au bâti à travers les points d'ancrage B_{11}, B_{21} et BH. Une atténuation de 4.6 dB a été obtenue expérimentalement entre 50 et 250 Hz.

Le système de contrôle mis en oeuvre sur la suspension avant côté conducteur du *Buick Century* utilise aussi 2 actionneurs de contrôle. Plusieurs capteurs d'erreur ont été utilisés selon la stratégie de contrôle expérimentée :

- Contrôle acoustique : dans ce cas, 8 mesures de pression acoustique à l'intérieur de la cabine ont été utilisées pour construire le critère J_{P-all}. Le contrôle expérimental de ce critère produit des réductions qui peuvent atteindre 13 dB entre 60 et 350 Hz.

- Contrôle vibratoire : dans ce cas, 9 mesures d'accélération aux différents points d'ancrage de la suspension ont été utilisées pour construire le critère J_{a-all}. Le contrôle expérimental de ce critère vibratoire produit des réductions et des amplifications sur le critère acoustique tel qu'il a été démontré au Chapitre 6.

- Contrôle déporté : dans ce cas, 9 mesures d'accélération aux différents points d'ancrage de la suspension et le modèle vibro-acoustique ont été utilisées pour construire un critère de pression vituel $J_{\tilde{P}_v-all}$. Le contrôle expérimental de ce critère vibratoire produit des réductions et des amplifications sur le critère acoustique réelle à cause de l'évolution du modèle vibro-acoustique. La non-robustesse vibro-acoustique impose qu'il soit identifié avant la mise en oeuvre du contrôle limitant ainsi l'intérêt pratique de cette stratégie de contrôle.

L'évaluation de la performance de chacune des 3 stratégies mises en oeuvre sur le véhicule montre que pour réduire le bruit de roulement à l'intérieur de la cabine, la meilleure stratégie est celle du contrôle acoustique.

Par ailleurs, l'étude SVD de la matrice des FRFs secondaires pour les différents cas de contrôle étudiés dans ce chapitre montre qu'un des deux actionneurs de contrôle converge plus rapidement que le deuxième en utilisant le FX-LMS comme contrôleur. Cette différence de rapidité de convergence des deux actionneurs de contrôle combinée au compromis réalisé expérimentalement entre la saturation de ces derniers et le rapport signal/bruit aux différents capteurs d'erreur expliquent pourquoi la performance du contrôle optimal n'a pas été atteinte expérimentalement.

CHAPITRE 8

Contrôle actif du bruit de roulement sur un véhicule complet

Jusqu'ici, l'étude réalisée pour la mise en oeuvre d'un contrôle actif visant à réduire le bruit de roulement a été effectuée sur un quart du véhicule. Cette étude a permis de démontrer, dans les Chapitres 6 et 7, que la meilleure stratégie pour réduire le bruit de roulement à l'intérieur de la cabine est d'utiliser le critère de pression acoustique J_{P-all} déterminé à partir des mesures fournies par les microphones installés à l'intérieur du véhicule.

Dans ce chapitre, le critère acoustique J_{P-all} sera minimisé par l'algorithme génétique dans le but d'optimiser la configuration des actionneurs de contrôle. L'optimisation de la configuration des actionneurs sera donc généralisée pour l'ensemble des quatre suspensions du *Buick Century* dans le but de réduire le bruit de roulement dans des conditions simulées par le modèle expérimental du véhicule.

8.1 Optimisation de la configuration des actionneurs : contraintes et environnement

L'optimisation de la configuration des actionneurs de contrôle pour la minimisation du critère J_{P-all} est réalisée avec l'algorithme génétique présenté au Chapitre 6.

Il a été démontré que l'utilisation d'un spectre plat en fréquence permet d'optimiser la configuration des actionneurs de contrôle uniquement en fonction des paramètres intrinsèques au système caractérisé par des FRFs. Dans ce chapitre, l'optimisation sera réalisée en utilisant le spectre de la force équivalente identifiée au Chapitre 4 pour reproduire les accélérations en translation de l'axe de la roue mesurées sur route. En conséquence, les configurations des actionneurs qui seront présentées sont optimisées spécifiquement pour la chaussée utilisée lors des mesures sur route à une vitesse du véhicule de 50 km/h.

On rappelle que la force équivalente pour reproduire les accélérations en translation sur route a été uniquement identifiée pour la suspension avant côté conducteur (S_1). Pour reproduire le bruit de roulement à l'intérieur de la cabine en utilisant le modèle expérimental du *Buick Century*, on suppose que les deux suspensions avant (S_1 et S_2) reçoivent chacune

la même force équivalente sur l'axe de la roue comme excitation primaire de route et que
les deux suspensions arrière (S_3 et S_4) reçoivent chacune la même force équivalente mais
avec un retard T_0. Ce retard est calculé à partir de la vitesse du véhicule V (50 km/h) et
la distance d (2.7 m) entre l'axe des roues avant et celui des roues arrière.

$$T_0 = \frac{d}{V} = 194.4 \text{ ms} \tag{8.1}$$

Le retard T_0 correspond dans le domaine fréquentiel à un retard de phase φ entre l'excitation primaire appliquée sur l'axe de chacune des deux roues avant et celle appliquée sur
l'axe de chaque roue arrière.

$$\varphi(f) = 2\pi T_0 f \tag{8.2}$$

Afin de vérifier la validité de la configuration de l'excitation primaire sur le modèle expérimental du *Buick Century* pour reproduire le bruit de roulement dans des conditions
de route, la pression acoustique P_1 reproduite au niveau de l'oreille gauche du conducteur
est comparée à celle mesurée sur route sur le véhicule *Epica LS* (voir Chapitre 4). La
Figure 8.1 présente la pression acoustique reproduite et celle mesurée sur route et montre
que la configuration de l'excitation primaire utilisée sur le modèle expérimental du *Buick
Century* reproduit correctement le niveau du bruit de roulement à l'intérieur de la cabine
sur une large bande de fréquence.

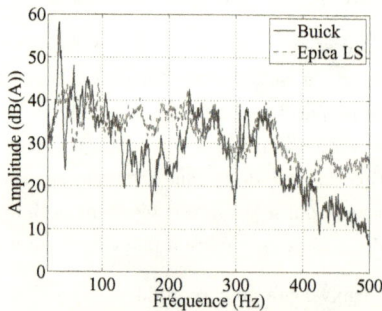

Figure 8.1 Comparaison entre la pression acoustique au niveau de l'oreille
gauche du conducteur reproduite par le modèle expérimental du *Buick Century*
et celle mesurée sur route sur le véhicule *Epica LS*

La configuration de l'excitation primaire sur chacune des 4 roues permet donc de reproduire des conditions réalistes de roulement du véhicule *Buick Century* à une vitesse de 50 km/h. Dans le but d'évaluer la performance d'un contrôle actif sur le modèle expérimental du *Buick Century*, deux configurations utilisant un nombre différent d'actionneurs de contrôle seront optimisées par l'algorithme génétique en minimisant le critère de pression acoustique J_{P-all} :

- Configuration avec 4 actionneurs de contrôle : dans ce cas, l'algorithme génétique sera contraint à positionner un actionneur par suspension.

- Configuration avec 6 actionneurs de contrôle : dans ce cas, l'algorithme génétique sera contraint à positionner deux actionneurs sur chacune des suspensions avant et un seul actionneur par suspension arrière.

8.2 Résultats

8.2.1 Minimisation de J_{P-all} avec 4 actionneurs de contrôle

Le Tableau 8.1 et la Figure 8.2 illustrent la configuration optimisée par l'algorithme génétique des quatre actionneurs de contrôle pour la minimisation du critère J_{P-all} :

- L'actionneur 1 est positionné sur le porte-fusée à proximité de l'axe de la roue de la suspension avant côté conducteur S_1.

- L'actionneur 2 est positionné au milieu de la table de suspension de la suspension avant côté passager S_2.

- L'actionneur 3 est positionné verticalement sur le bras stabilisateur de la suspension arrière S_3.

- L'actionneur 4 est positionné avec une faible inclinaison par rapport à la verticale sur le porte-fusée juste en amont de l'amortisseur de la suspension S_4.

Pour la minimisation du critère de pression acoustique J_{P-all}, la configuration des actionneurs obtenue par l'algorithme génétique montre que ces derniers sont placés en amont des points d'ancrage de la suspension avec le châssis. Cette configuration montre qu'il est plus efficace de contrôler le bruit de roulement sur les suspensions que sur le châssis. En effet, les vibrations injectées par la route sur une suspension se transmettent au châssis par les différents points d'ancrage. Par rapport au châssis, les points d'ancrage de chaque suspension se comportent comme des sources de bruit dépendantes de l'excitation primaire et des chemins de transmission primaires. Le positionnement des actionneurs de contrôle en amont de ces sources (points d'ancrage) permet donc de créer des sources de contrôle en ces mêmes points d'ancrage qui sont plus efficaces pour la réduction du bruit à l'intérieur de la cabine qu'une seule source de contrôle positionnée sur le châssis.

Tableau 8.1   Gènes de l'optimisation

Paramètres \ Actionneur i	1	2	3	4
Position (n_i)	5	4	3	6
Angle azimut (θ_{n_i})	22°	6°	22°	23°
Angle d'élévation (α_{n_i})	43°	60°	90°	88°

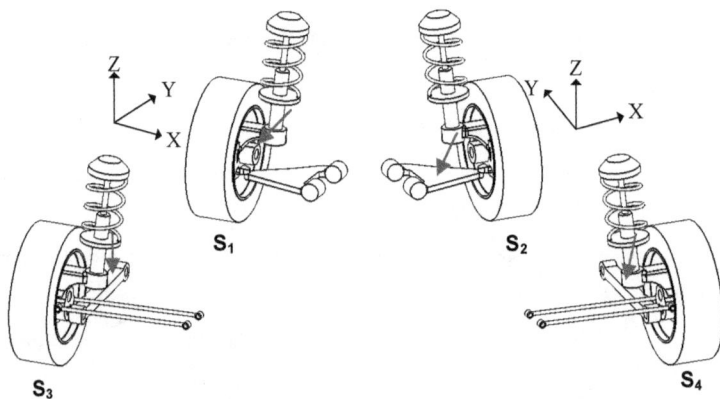

Figure 8.2   Configuration optimisée des 4 actionneurs de contrôle pour la minimisation du critère J_{P-all}

La Figure 8.3 illustre le critère quadratique de pression acoustique J_{P-all} sans et avec contrôle optimal pour la configuration optimisée des actionneurs de contrôle. Des réductions importantes sont obtenues sur ce critère pouvant dépasser 20 dB(A) sur des fréquences spécifiques. La réduction globale du critère de pression acoustique J_{P-all} est de 14.8 dB(A) entre 20 et 500 Hz.

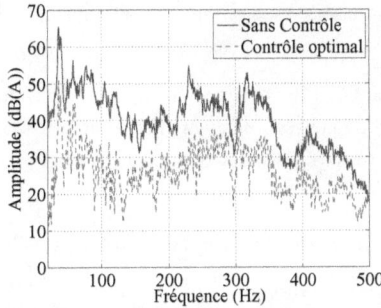

Figure 8.3   Résultats de contrôle optimal du critère J_{P-all} pour la configuration optimisée des 4 actionneurs de contrôle

Le réduction d'un critère quadratique pour un système sur-déterminé (nombre d'actionneurs de contrôle inférieur au nombre de capteurs d'erreur) peut produire des amplifications sur certains capteurs d'erreur. Le Tableau 8.2 montre que la pression acoustique est réduite globalement entre 20 et 500 Hz de plus de 11 dB(A) sur chacun des microphones à l'intérieur de la cabine. La réduction du critère de pression acoustique J_{P-all} offre donc une réduction globale non seulement sur la bande fréquentielle étudiée mais aussi sur l'espace de la cabine automobile apportant ainsi un confort acoustique à tous les passagers.

Tableau 8.2   Réduction globale entre 20 et 500 Hz sur chacun des 8 microphones d'erreur installés à l'intérieur de la cabine pour une configuration avec 4 actionneurs de contrôle

Microphone j	1	2	3	4	5	6	7	8
Reduction dB(A)	13.3	12.3	11.5	12	16.9	16.1	14.8	16.8

8.2.2   Minimisation de J_{P-all} avec 6 actionneurs de contrôle

Le Tableau 8.3 et la Figure 8.4 illustrent la configuration optimisée par l'algorithme génétique des six actionneurs de contrôle pour la minimisation du critère J_{P-all} :

- Sur la suspension avant côté conducteur S_1, l'actionneur 1 est positionné sur le porte-fusée à proximité de l'axe de la roue quant à l'actionneur 2, il est positionné au milieu de la table de suspension.

- Sur la suspension avant côté passager S_2, l'actionneur 3 est positionné sur le porte-fusée juste en amont de l'amortisseur quant à l'actionneur 4, il est positionné verticalement au milieu de la table de suspension.

- Les actionneurs 5 est 6 sont respectivement positionnés sur le porte-fusée à proximité de l'axe de la roue de chaque suspension arrière S_3 et S_4.

La configuration des six actionneurs optimisée pour la minimisation du critère de pression acoustique J_{P-all} montre de nouveau qu'aucun actionneur n'a été placé par l'algorithme génétique sur le châssis : tous les actionneurs sont placés sur les suspensions en amont des points d'ancrage.

Tableau 8.3   Gènes de l'optimisation

Paramètres \ Actionneur i	1	2	3	4	5	6
Position (n_i)	6	3	7	3	4	4
Angle azimut (θ_{n_i})	0°	46°	42°	46°	40°	31°
Angle d'élévation (α_{n_i})	75°	78°	78°	90°	69°	53°

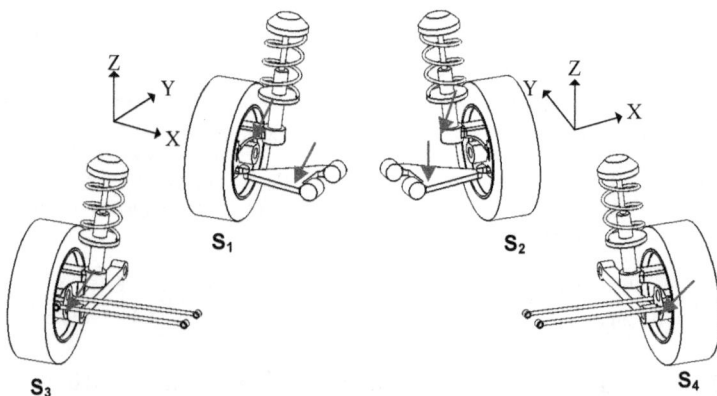

Figure 8.4   Configuration optimisée des 6 actionneurs de contrôle pour la minimisation du critère J_{P-all}

La Figure 8.5 présente les résultats du contrôle optimal du critère quadratique de pression acoustique J_{P-all} pour la configuration optimisée des actionneurs de contrôle. Des réductions importantes sont obtenues sur ce critère pouvant atteindre 25 dB(A) sur des fréquences spécifiques. La réduction globale du critère de pression acoustique J_{P-all} est de 22 dB(A) entre 20 et 500 Hz. L'ajout d'un actionneur de contrôle sur chacune des deux suspensions avant offre un apport de 7 dB(A) sur la performance du contrôle pour la réduction globale sur le critère J_{P-all} par rapport à la configuration avec un actionneur de contrôle sur chaque suspension.

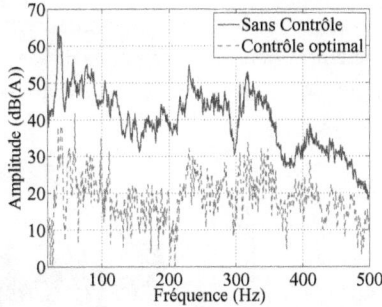

Figure 8.5   Résultats de contrôle optimal du critère J_{P-all} pour la configuration optimisée des 6 actionneurs de contrôle

L'impact de la réduction du critère quadratique J_{P-all} sur chaque microphone à l'intérieur de la cabine est présenté sur le Tableau 8.4. La réduction de ce critère produit des réductions globales de plus de 17 dB(A) entre 20 et 500 Hz sur chacun des huit microphones assurant ainsi un apport de confort acoustique pour tous les passagers.

Tableau 8.4   Réduction globale entre 20 et 500 Hz sur chacun des 8 microphones d'erreur installés à l'intérieur de la cabine pour une configuration avec 6 actionneurs de contrôle

Microphone j	1	2	3	4	5	6	7	8
Reduction dB(A)	20.7	17.1	18	21	26.1	21.7	21.1	25.3

Le contrôle optimal du critère de pression acoustique en utilisant la configuration optimisée des six actionneurs de contrôle offre des réductions importantes sur le bruit de roulement perçues par tous les passagers, mais à quel prix en terme de forces de contrôle ?

Les Figures 8.6 (a), (b), (c) et (d) illustrent les forces de contrôle optimales de chacun des six actionneurs. Les forces de contrôle sont très importantes et peuvent dépasser une amplitude de 40 N sur certaines fréquences en particulier en dessous de 100 Hz. Ceci s'explique par les vibrations injectées par la route dont les spectres présentent des grandes amplitudes en dessous de 100 Hz (voir Chapitre 4). À titre d'exemple, l'actionneur inertiel utilisé par [Dehandschutter et Sas, 1999] sur le système de contrôle actif mis en oeuvre sur un véhicule (voir Chapitre 2) délivre 40 N crête et pèse 1.1 kg. Un tel actionneur n'est pas capable d'assurer le contrôle en dessous de 100 Hz puisque sa limite de saturation est rapidement atteinte. La saturation des actionneurs de contrôle implique d'une part une chute des performances sur la réduction du bruit aux capteurs d'erreur et d'autre part l'apparition des phénomènes non linéaires qui peuvent affecter la stabilité du contrôleur. Pour assurer un contrôle actif performant entre 20 et 100 Hz sans la saturation des actionneurs de contrôle, ces derniers doivent être plus puissants et par conséquent plus lourds et plus encombrants.

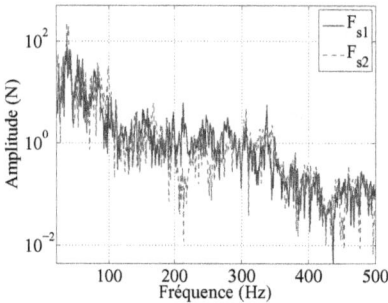

(a) Forces de contrôle optimales F_{s_1} et F_{s_2} délivrées respectivement par les actionneurs 1 et 2 sur la suspension S_1

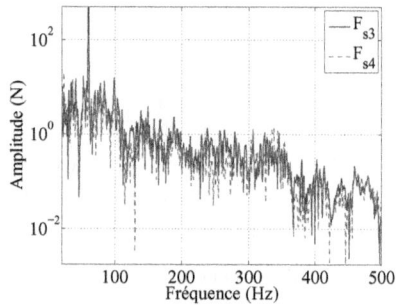

(b) Forces de contrôle optimales F_{s_3} et F_{s_4} délivrées respectivement par les actionneurs 3 et 4 sur la suspension S_2

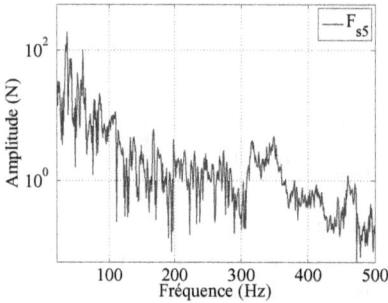

(c) Force de contrôle optimale F_{s_5} délivrée par l'actionneur 5 sur la suspension S_3

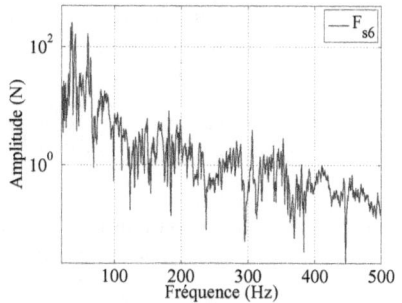

(d) Force de contrôle optimale F_{s_6} délivrée par l'actionneur 6 sur la suspension S_4

Figure 8.6   Forces de contrôle optimales pour la réduction du critère J_{P-all}

Au dessus de 100 Hz, les forces de contrôle sont généralement inférieures à 6 N. Dans le but d'observer la valeur crête des forces de contrôle nécessaires pour assurer un contrôle actif sur une bande fréquentielle de 100 à 500 Hz, la transformée de Fourier inverse des spectres des forces de contrôle a été calculée. La Figure 8.7 illustre la force de contrôle nécessaire pour un contrôle en large bande 100-500 Hz qui devrait être fournie par l'actionneur 6. Cette force présente un maximum de 58 N impliquant un actionneur de contrôle de masse et de taille comparable à celui utilisé par [Dehandschutter et Sas, 1999] pour assurer un contrôle efficace du bruit de roulement à l'intérieur de la cabine entre 100 et 500 Hz.

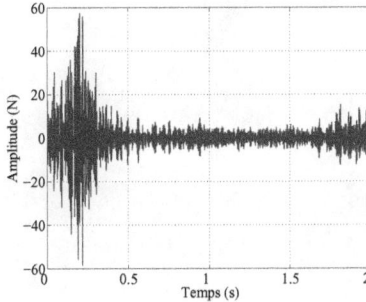

Figure 8.7   Force délivrée par l'actionneur 6 pour assurer un contrôle optimal du critère de pression acoustique J_{P-all} entre 100 et 500 Hz

8.3   Conclusion

Le modèle expérimental du *Buick Century* a été exploité dans son intégralité pour reproduire le bruit de roulement dans des conditions réalistes. La force équivalente de la route a été utilisée sur ce modèle expérimental comme excitation primaire appliquée sur l'axe de chacune des quatre roues en tenant compte d'un retard pour l'excitation des roues arrière pour reproduire des conditions de roulement de véhicule à 50 km/h. Sous cette configuration d'excitation primaire, le modèle du *Buick Century* reproduit le même niveau de bruit mesuré sur route dans des conditions réelles de roulement.

Dans le but d'optimiser la configuration des actionneurs de contrôle qui minimise le critère de pression acoustique J_{P-all}, l'algorithme génétique a été utilisé.

Le contrôle optimal du critère de pression acoustique J_{P-all} montre des réductions globales importantes du bruit de roulement entre 20 et 500 Hz perçues par tous les passagers (plus que 11 dB(A) en utilisant 4 actionneurs de contrôle et plus que 17 dB(A) en utilisant 6 actionneurs de contrôle).

L'étude préliminaire des forces de contrôle pour atteindre cette performance révèle que les forces de contrôle sont considérables entre 20 et 100 Hz impliquant des actionneurs lourds et par conséquent très pesants, encombrants et énergivores. Au dessus de 100 Hz, les forces de contrôle sont moindres et le contrôle actif en large bande entre 100 et 500 Hz peut être assuré par des actionneurs de masse et de taille acceptables.

CHAPITRE 9

Conclusions

9.1 Bilan des travaux

Malgré les efforts réalisés ces dernières décennies pour la réduction du bruit à l'intérieur des automobiles, le bruit de roulement demeure un problème non résolu à nos jours. La revue bibliographique a démontré certains manques sur :

- l'estimation des sources du bruit de roulement.

- les chemins de propagation des vibrations injectées par les irrégularités de la route sur la suspension automobile et leur rayonnement à l'intérieur de la cabine.

- les stratégies de contrôle vibratoire du rayonnement acoustique et l'optimisation des actionneurs de contrôle

Dans le Chapitre 3, les montages expérimentaux réalisés dans le cadre de ce projet sur chacun du banc de test et du véhicule *Buick Century* ont été présentés. Nous avons exposé la méthodologie expérimentale suivie afin d'identifier les chemins primaires ainsi que les chemins secondaires pour différentes positions potentielles de l'actionneur de contrôle. Nous avons proposé, dans la suite, de construire le modèle expérimental relatif à chacun des deux systèmes instrumentés dans notre laboratoire à partir d'une banque de FRFs primaires et secondaires identifiées expérimentalement.

Dans le Chapitre 4, nous avons présenté les résultats expérimentaux des tests routiers réalisés avec un véhicule *Chevrolet Epica LS*. Ces résultats ont montré que le bruit est critique en dessous de 500 Hz à l'intérieur d'un véhicule sur route à une vitesse de 50 km/h (qui est la vitesse autorisée dans nos villes). L'étude de corrélation entre le bruit à l'intérieur du véhicule et les vibrations injectées par les irrégularités de la route sur la suspension avant côté conducteur a révélé que la transmission solidienne du bruit de roulement est dominante sur la bande fréquentielle critique 0-500 Hz.

Les mesures des vibrations injectées par les irrégularités de la route sur le véhicule *Chevrolet Epica LS* ont permis, dans la suite, de caractériser la source de bruit de roulement par modèle inverse comme étant une force équivalente tri-dimensionnelle qui s'applique sur l'axe de la roue de chacun du banc de test et de la suspension avant côté conducteur du *Buick Century*. La détermination de ces forces équivalentes a révélé que l'excitation de route est considérable en dessous de 100 Hz pouvant impliquer des actionneurs de contrôle puissants pour effectuer le contrôle en basses fréquences. D'un autre côté, la force équivalente pour reproduire les accélérations de route sur le *Buick Century* est considérablement moins importante que celle à produire sur la banc de test à cause de la rigidité du bâti de ce dernier.

Les vibrations injectées par les irrégularités de la route sur une suspension se propagent vers le châssis par voie solidienne avant leur rayonnement à l'intérieur du véhicule. Dans le Chapitre 5, nous avons contribué à caractériser les chemins de transmission primaire du bruit de roulement à travers des taux de transmissibilité et ce pour une excitation primaire tri-dimensionnelle plus représentative d'une excitation réaliste de route. Les taux de transmissibilité sont des paramètres intrinsèques qui ont été déterminés sur la suspension du banc de test et la suspension avant côté conducteur du *Buick Century*. Ces taux ont permis de quantifier la contribution des différents chemins de transfert à la transmission des vibrations au châssis (bâti pour le banc de test) puis leur rayonnement à l'intérieur de la cabine (sur le *Buick Century*).

Cette étude a été menée sur deux suspensions de même type. Cependant, les conclusions sont propres à chacune des deux suspensions puisque les conditions limites aux points d'ancrage sont différentes et les capteurs utilisés pour les mesures des vibrations transmises sont différents (les vibrations ont été caractérisées par des forces transmises sur le banc de test alors que sur le véhicule *Buick Century*, elles ont été caractérisées par des accélérations).

L'analyse des taux de transmission des vibrations à travers les FRFs primaire force/force sur le banc de test a montré que la suspension est plus perméable à la composante verticale de l'excitation primaire que les deux autres directions. D'un autre côté, cette analyse a révélé que quelque soit la direction de l'excitation primaire, la dynamique de la suspension fait que les vibrations sont transmises au bâti majoritairement suivant la direction verticale.

L'analyse des taux de transmissibilité sur la suspension avant côté conducteur sur le véhicule *Buick Century* a contribué à la caractérisation d'un modèle vibro-acoustique entre les vibrations injectées au châssis à travers les différents points d'ancrage et les huit pressions acoustiques mesurées à l'intérieur de la cabine. Ce modèle vibro-acoustique a permis de déterminer la contribution des vibrations transmises par chaque points d'ancrage à la pression acoustique rayonnée et cela pour une excitation primaire tri-dimensionnelle sur l'axe de la roue. L'étude de ces taux de transmissibilité vibro-acoustique a montré que le bruit à l'intérieur de la cabine est plus sensible à la composante verticale de l'excitation

primaire que les composantes latérales. D'un autre côté, nous avons constaté à travers
cette analyse que le bruit rayonné à l'intérieur du véhicule est majoritairement causé par
les vibrations transmises par la suspension à l'extrémité de l'amortisseur BH et au point
d'ancrage B_2 de la table de suspension.

Dans le Chapitre 6, nous avons développé un outil d'optimisation de la configuration des
actionneurs de contrôle. Cet outil combine les algorithmes génétiques avec la minimisation
quadratique dans le but de déterminer la configuration optimale (position et orientation)
des actionneurs de contrôle en utilisant les modèles expérimentaux comme plate-formes.
Différentes stratégies de contrôle ont été étudiées :

- Le contrôle vibratoire vise à réduire les vibrations transmises par la suspension dans
  le but de réduire leur rayonnement à l'intérieur de la cabine. La réduction des forces
  transmises sur le banc de test a montré qu'avec deux actionneurs de contrôle, les
  vibrations transmises au bâti peuvent être réduites de plus que 10 dB entre 20 et
  250 Hz. D'un autre côté, la réduction des accélérations transmises par la suspension
  avant côté conducteur du *Buick Century* a montré que les vibrations transmises au
  châssis peuvent être réduites de plus que 5 dB entre 20 et 500 Hz. Cependant, la
  minimisation quadratique du critère vibratoire et la création des noeuds de vibration
  aux points d'ancrage de la suspension a révélé que le critère vibratoire peut être
  réduit sans pour autant réduire le bruit à l'intérieur de la cabine.

- Le contrôle acoustique vise à réduire la pression acoustique à l'intérieur de la cabine.
  Cette stratégie de contrôle a montré des résultats importants sur la réduction du
  bruit de roulement à l'intérieur du *Buick Century* pouvant atteindre 20 dB(A) à des
  fréquences spécifiques offrant ainsi une réduction globale du bruit de 8 dB(A) entre
  20 et 500 Hz.

- Le contrôle déporté vise à réduire un critère de pression acoustique construit à partir
  d'un modèle vibro-acoustique entre les vibrations transmises par la suspension et les
  pressions acoustiques à l'intérieur du véhicule. Cette stratégie de contrôle a offert
  sur le plan théorique les mêmes performances que le contrôle acoustique.

Dans le Chapitre 7, nous avons développé des prototypes de suspensions actives sur chacun du banc de test et de la suspension avant côté conducteur du *Buick Century*. L'implantation d'un contrôleur par anticipation FX-LMS et l'utilisation de deux actionneurs
inertiels de contrôle dans leur configuration optimisée ont mené à des atténuations importantes sur le critère choisi. Ce volet expérimental de la mise en oeuvre d'un système
de contrôle actif sur une suspension automobile a montré que pour réduire le bruit de

roulement, les meilleures performances sont obtenues en utilisant un critère acoustique (microphones à l'intérieur de la cabine comme capteurs d'erreur). D'un autre côté, la réalisation du contrôle actif sur la suspension a mis en évidence le problème de saturation des actionneurs de contrôle qui affecte les performances du système de contrôle. Le choix et le dimensionnement des actionneurs de contrôle est donc une étape cruciale dans la mise en oeuvre d'un système de contrôle efficace pour la réduction du bruit de roulement.

Dans le Chapitre 8, des conditions réalistes de roulement à 50 km/h ont été reproduites sur le modèle expérimental du *Buick Century*. Les résultats de contrôle optimal du critère acoustique ont montré que l'utilisation de six actionneurs de contrôle (2 actionneurs par suspension avant et 1 actionneur par suspension arrière) offre des atténuations globales du bruit de roulement supérieures à 17 dB(A) entre 20 et 500 Hz pour tous les passagers. Cependant, pour atteindre ces performances les forces de contrôle sont importantes impliquant des actionneurs de contrôle puissants.

9.2   Perspectives

l'intégralité des travaux menés durant cette thèse ont fait appel à des modèles expérimentaux qui représentent de façon simple mais réaliste la propagation du bruit de roulement et ce pour le banc de test ainsi que pour le véhicule *Buick Century*. Par la suite, ces modèles ont été utilisés dans un algorithme génétique combiné à la minimisation quadratique dans le but d'optimiser la configuration des actionneurs de contrôle en position et en orientation. Ce processus d'optimisation dépend du spectre de l'excitation primaire injectée par les irrégularités de la route sur la roue. Dans le but de réaliser une optimisation de la configuration des actionneurs de contrôle adaptées aux différents type de routes, une étude expérimentale plus approfondie sur les spectres d'excitation de route serait indispensable.

Dans ces travaux, les résultats du contrôle optimale ont été présentés pour différentes configurations étudiées. La performance du contrôle est donc obtenue dans une situation idéale ignorant des phénomènes qui peuvent dégrader la qualité du contrôle. Dans le but d'évaluer la performance du contrôle dans une situation plus réaliste, le passage dans le domaine temporel est essentiel. La simulation d'un contrôle actif dans le domaine temporel permettra d'étudier :

- la performance du contrôle en large bande ;

- la stabilité et la convergence du contrôleur ;

- la causalité du contrôle.

D'un autre côté, il a été démontré qu'un contrôle par anticipation présente des avantages sous la réserve de la disponibilité d'un signal de référence qui soit cohérent avec les signaux délivrés par les capteurs d'erreur. Il serait donc intéressant de faire une étude comparative entre la performance d'un contrôleur par anticipation et du contrôleur par retroaction développé sur le même système (véhicule) par nos collègues de McGill dans le cadre de ce projet.

Finalement, la mise en oeuvre expérimentale du contrôle actif du bruit de roulement sur le banc de test et sur le véhicule *Buick Century* a montré qu'un contrôleur FX-LMS n'est pas adapté pour assurer la convergence rapide des actionneurs de contrôle. L'étude SVD révèle qu'une piste à suivre serait de réaliser le contrôle actif dans la base singulière dans le but d'accélérer et d'assurer la convergence de tous les actionneurs de contrôle.

ANNEXE A

Taux de transmissibilité sur le banc de test

L'analyse des chemins de transmission primaire sur le banc de test est effectuée au moyen des taux de transmissibilité en force sur une bande fréquentielle audible qui s'étale de $f_0 = 20$ Hz à $f_1 = 250$ Hz. Cette analyse quantitative sera présentée selon la direction de mesure des vibrations transmises de la suspension vers le bâti.

A.1 Analyse des chemins de transmission suivant l'axe X

Les forces transmises suivant la direction X (voir Figure A.1) sont mesurées par les capteurs de force installés aux différents points d'ancrage et sont présentées par les FRFs force/force sur la Figure A.2.

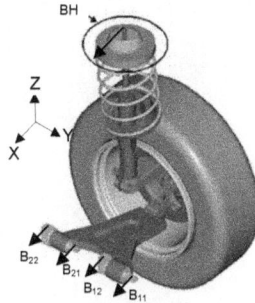

Figure A.1 Illustration des chemins de transmission suivant l'axe X sur le banc de test

L'analyse des taux de transmissibilité suivant la direction X révèle que quelle que soit la direction de l'excitation primaire sur l'axe de la roue, les vibrations se transmettent au bâti majoritairement par la table de suspension à travers les points d'ancrage B_{21}, B_{22} et B_{11}.

D'après le tableau A.1, les taux τ_{Xl} montrent que la transmissibilité de la suspension suivant l'axe X varie en fonction de la direction de l'excitation primaire. En effet, pour une excitation primaire de 1 N^2 uniforme sur la bande fréquentielle $[f_0, f_1]$:

- Pour une excitation primaire suivant X, 4.22 % de cette excitation se transmet au bâti par tous les points d'ancrage suivant l'axe X. Cette portion de la puissance excitatrice primaire transmise suivant la direction X représente 43.28 % de la puissance totale transmise par la suspension pour cette direction d'excitation primaire.

145

- Pour une excitation primaire suivant Y, 3.41 % de cette excitation se transmet au bâti par tous les points d'ancrage suivant l'axe X. Cette portion de la puissance excitatrice primaire convertie en puissance transmise suivant la direction X représente 31.94 % de la puissance totale transmise par la suspension pour cette direction d'excitation primaire.

- Pour une excitation primaire suivant Z, 6.11 % de cette excitation se transmet au bâti par tous les points d'ancrage suivant l'axe X. Cette portion de la puissance excitatrice primaire convertie en puissance transmise suivant la direction X représente 35.18 % de la puissance totale transmise par la suspension pour cette direction d'excitation primaire.

Ces résultats montrent que pour la transmission suivant l'axe X, la suspension est plus perméable à une excitation suivant l'axe Z que suivant les deux autres directions.

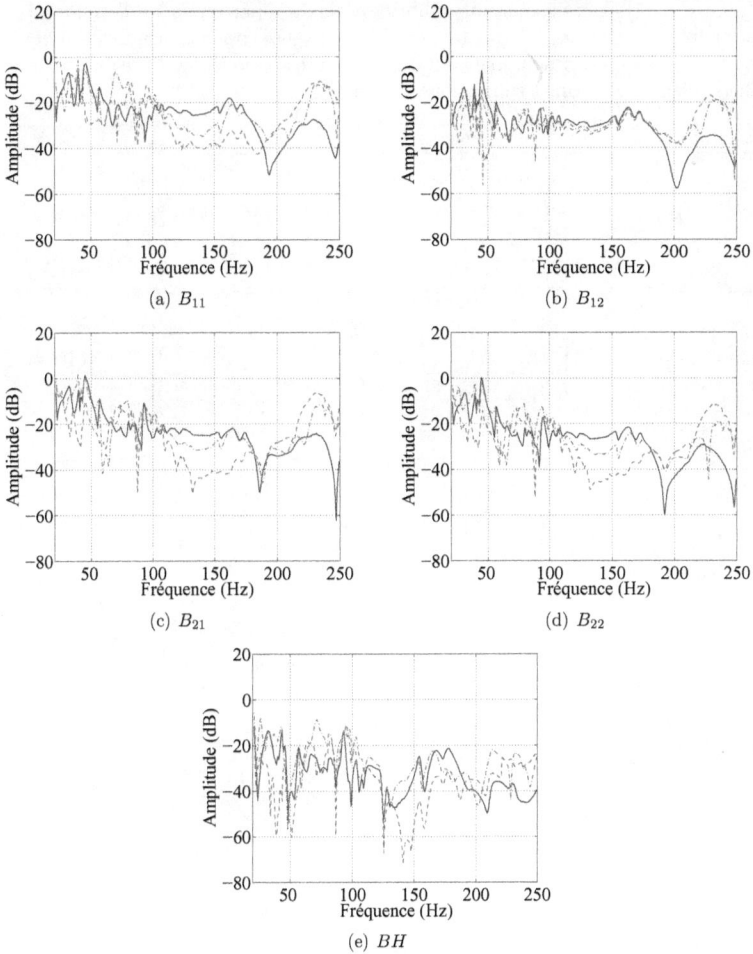

(a) B_{11}

(b) B_{12}

(c) B_{21}

(d) B_{22}

(e) BH

Figure A.2   Comparaison entre les FRFs force/force mesurées aux différents points d'ancrage de la suspension suivant la direction X pour une excitation primaire sur l'axe de la roue suivant X (—), Y(- - -) et Z(. - . -)

Tableau A.1   Taux de transmissibilité τ (normalisés par rapport à l'excitation primaire) et τ' (normalisés par rapport à la puissance totale transmise au bâti) suivant la direction X pour une excitation primaire appliquée sur l'axe de la roue successivement suivant les directions X, Y et Z.

Excitation primaire	Point d'ancrage m	τ_{mXl}	τ_{Xl}	τ'_{mXl}	τ'_{Xl}
F_{1X}	B_{11}	0.87 %		8.96 %	
	B_{12}	0.22 %		2.29 %	
	B_{21}	1.93 %	4.22 %	19.76 %	43.28 %
	B_{22}	1.06 %		10.89 %	
	BH	0.13 %		1.38 %	
F_{1Y}	B_{11}	1.24 %		11.63 %	
	B_{12}	0.36 %		3.37 %	
	B_{21}	1.24 %	3.41 %	11.62 %	31.94 %
	B_{22}	0.44 %		4.16 %	
	BH	0.12 %		1.16 %	
F_{1Z}	B_{11}	1.26 %		7.27 %	
	B_{12}	0.32 %		1.82 %	
	B_{21}	2.65 %	6.11 %	15.28 %	35.18 %
	B_{22}	1.38 %		7.93 %	
	BH	0.50 %		2.88 %	

A.2 Analyse des chemins de transmission suivant l'axe Y

Les forces transmises suivant la direction Y (voir Figure A.3) sont mesurées par les capteurs de force installés aux différents points d'ancrage et sont présentées par les FRFs force/force sur la Figure A.4.

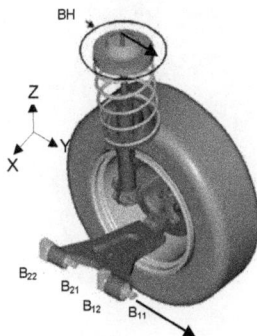

Figure A.3   Illustration des chemins de transmission suivant l'axe Z sur le banc de test

L'analyse des taux de transmissibilité suivant la direction Y révèle que quelle que soit la direction de l'excitation primaire sur l'axe de la roue, les vibrations se transmettent au bâti majoritairement par la table de suspension à travers les points d'ancrage B_{21} et B_{22}. D'un autre côté et d'après le tableau A.2, les taux τ_{Yl} montrent que la transmissibilité de la suspension suivant l'axe Y varie en fonction de la direction de l'excitation primaire. En effet, pour une excitation primaire de 1 N^2 uniforme sur la bande fréquentielle $[f_0, f_1]$:

- Pour une excitation primaire suivant X, 0.85 % de cette excitation se transmet au bâti par tous les points d'ancrage suivant l'axe Y. Cette portion de la puissance excitatrice primaire convertie en puissance transmise suivant la direction Y représente 8.79 % de la puissance totale transmise par la suspension pour cette direction d'excitation primaire.

- Pour une excitation primaire suivant Y, 2.51 % de cette excitation se transmet au bâti par tous les points d'ancrage suivant l'axe Y. Cette portion de la puissance excitatrice primaire transmise suivant la direction Y représente 23.46 % de la puissance totale transmise par la suspension pour cette direction d'excitation primaire.

- Pour une excitation primaire suivant Z, 2.09 % de cette excitation se transmet au bâti par tous les points d'ancrage suivant l'axe Y. Cette portion de la puissance excitatrice primaire convertie en puissance transmise suivant la direction Y représente 12.06 % de la puissance totale transmise par la suspension pour cette direction d'excitation primaire.

Ces résultats montrent que pour la transmission suivant l'axe Y, la suspension est plus perméable à une excitation suivant l'axe Y et l'axe Z qu'à une excitation suivant l'axe X.

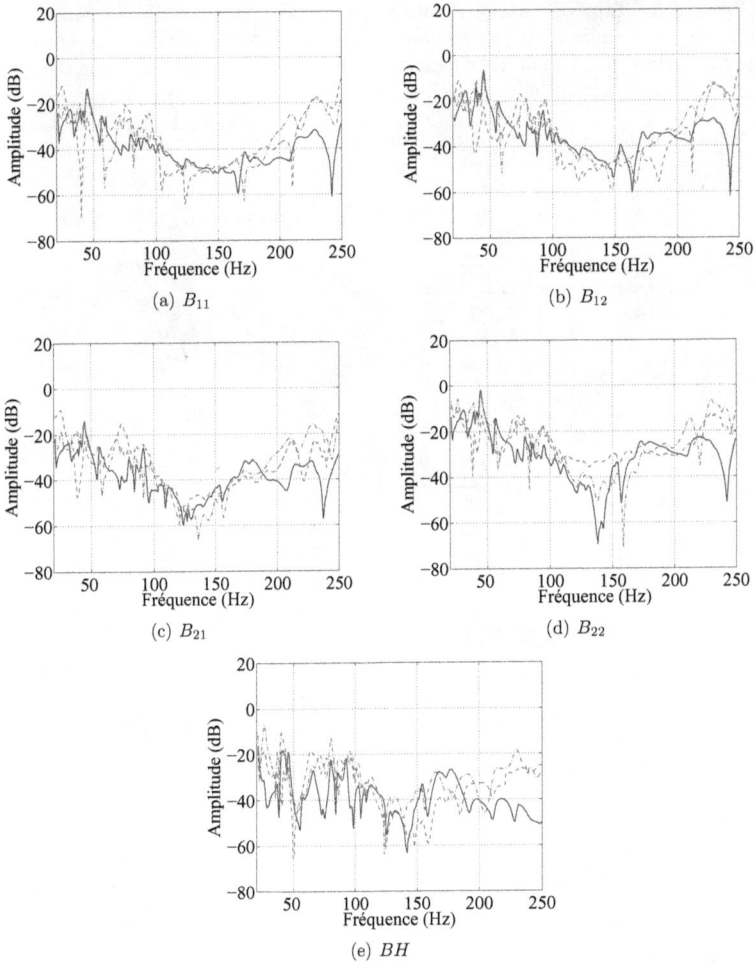

Figure A.4   Comparaison entre les FRFs force/force mesurées aux différents points d'ancrage de la suspension suivant la direction Y pour une excitation primaire sur l'axe de la roue suivant X (——), Y(- - -) et Z(. - . -)

Tableau A.2   Taux de transmissibilité τ (normalisés par rapport à l'excitation primaire) et τ' (normalisés par rapport à la puissance totale transmise au bâti) suivant la direction Y pour une excitation primaire appliquée sur l'axe de la roue successivement suivant les directions X, Y et Z.

Excitation primaire	Point d'ancrage m	τ_{mYl}	τ_{Yl}	τ'_{mYl}	τ'_{Yl}
F_{1X}	B_{11}	0.05 %		0.48 %	
	B_{12}	0.17 %		1.78 %	
	B_{21}	0.04 %	0.85 %	0.42 %	8.79 %
	B_{22}	0.56 %		5.71 %	
	BH	0.04 %		0.40 %	
F_{1Y}	B_{11}	0.18 %		1.73 %	
	B_{12}	0.40 %		3.70 %	
	B_{21}	0.25 %	2.51 %	2.36 %	23.46 %
	B_{22}	1.59 %		14.91 %	
	BH	0.08 %		0.76 %	
F_{1Z}	B_{11}	0.09 %		0.54 %	
	B_{12}	0.31 %		1.77 %	
	B_{21}	0.15 %	2.09 %	0.88 %	12.06 %
	B_{22}	1.28 %		7.34 %	
	BH	0.27 %		1.53 %	

A.3   Analyse des chemins de transmission suivant l'axe Z

Les forces transmises suivant la direction Z (voir Figure A.5) sont mesurées par les capteurs de force installés aux différents points d'ancrage et sont présentées par les FRFs force/force sur la Figure A.6.

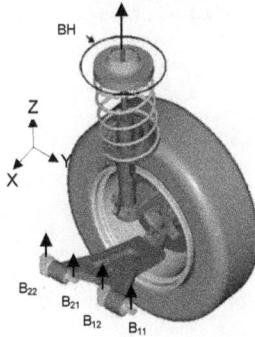

Figure A.5   Illustration des chemins de transmission suivant l'axe Z sur le banc de test

L'analyse des taux de transmissibilité suivant la direction Z révèle que pour une excitation primaire sur l'axe de la roue suivant les axes X et Y, les vibrations se transmettent au bâti majoritairement par la table de suspension. Plus précisément, ces vibrations se transmettent à travers les points d'ancrage B_{22}, B_{21} et B_{11} pour une excitation suivant l'axe X et par les points d'ancrage B_{12} et B_{21} pour une excitation suivant l'axe Y. Pour une excitation primaire suivant l'axe Z, le point d'ancrage BH devient dominant.

D'après le tableau A.3, les taux τ_{ZI} montrent que la transmissibilité de la suspension suivant l'axe Z varie en fonction de la direction de l'excitation primaire. En effet, pour une excitation primaire de 1 N^2 uniforme sur la bande fréquentielle $[f_0, f_1]$:

- Pour une excitation primaire suivant X, 4.67 % de cette excitation se transmet au bâti par tous les points d'ancrage suivant l'axe Z. Cette portion de la puissance excitatrice primaire convertie en puissance transmise suivant la direction Z représente 47.93 % de la puissance totale transmise par la suspension pour cette direction d'excitation primaire.

- Pour une excitation primaire suivant Y, 4.77 % de cette excitation se transmet au bâti par tous les points d'ancrage suivant l'axe Z. Cette portion de la puissance excitatrice primaire convertie en puissance transmise suivant la direction Z représente 44.6 % de la puissance totale transmise par la suspension pour cette direction d'excitation primaire.

- Pour une excitation primaire suivant Z, 9.16 % de cette excitation se transmet au bâti par tous les points d'ancrage suivant l'axe Z. Cette portion de la puissance excitatrice primaire transmise suivant la direction Z représente 52.76 % de la puissance totale transmise par la suspension pour cette direction d'excitation primaire.

Ces résultats montrent que pour la transmission suivant l'axe Z, la suspension est plus perméable à une excitation suivant l'axe Z que suivant les deux autres directions. De plus, la transmission suivant Z représente approximativement la moitié de la puissance transmise quelle que soit la direction de l'excitation primaire.

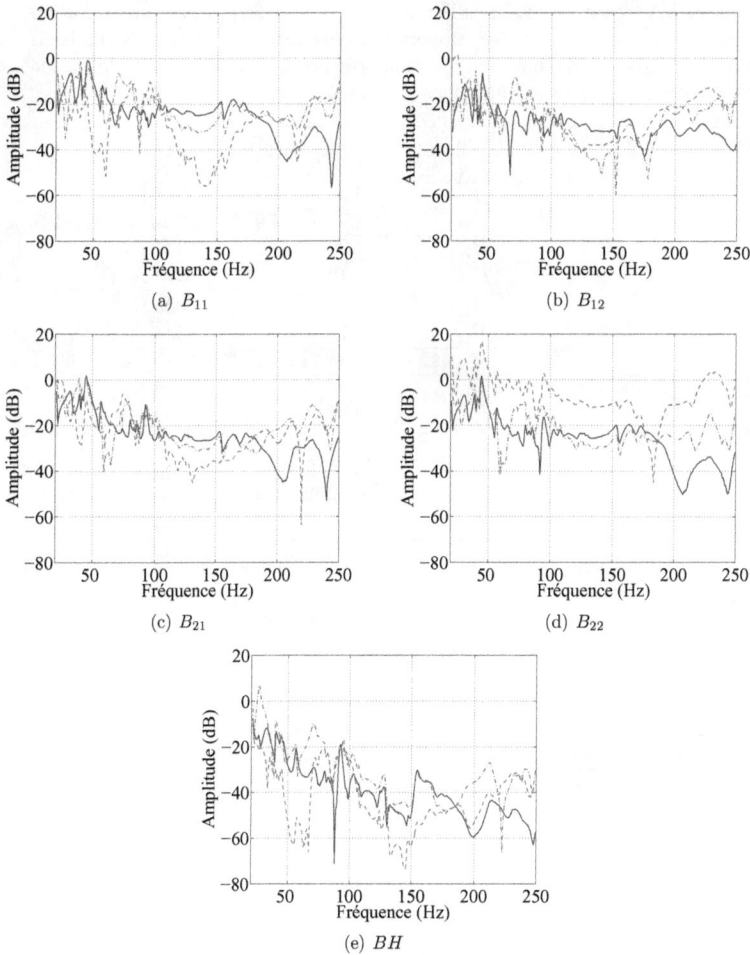

(a) B_{11}

(b) B_{12}

(c) B_{21}

(d) B_{22}

(e) BH

Figure A.6   Comparaison entre les FRFs force/force mesurées aux différents points d'ancrage de la suspension suivant la direction Z pour une excitation primaire sur l'axe de la roue suivant X (—), Y(- - -) et Z(. - . -)

Tableau A.3   Taux de transmissibilité τ (normalisés par rapport à l'excitation primaire) et τ' (normalisés par rapport à la puissance totale transmise au bâti) suivant la direction Z pour une excitation primaire appliquée sur l'axe de la roue successivement suivant les directions X, Y et Z.

Excitation primaire	Point d'ancrage m	τ_{mZl}	τ_{Zl}	τ'_{mZl}	τ'_{Zl}
F_{1X}	B_{11}	1.18 %		12.10 %	
	B_{12}	0.24 %		2.48 %	
	B_{21}	1.77 %	4.67 %	18.16 %	47.93 %
	B_{22}	1.29 %		13.22 %	
	BH	0.19 %		1.99 %	
F_{1Y}	B_{11}	0.56 %		5.26 %	
	B_{12}	1.77 %		16.59 %	
	B_{21}	1.88 %	4.77 %	17.60 %	44.60 %
	B_{22}	0.48 %		4.46 %	
	BH	0.07 %		0.69 %	
F_{1Z}	B_{11}	1.39 %		8.01 %	
	B_{12}	0.56 %		3.25 %	
	B_{21}	2.58 %	9.16 %	14.88 %	52.76 %
	B_{22}	1.56 %		8.99 %	
	BH	3.06 %		17.63 %	

ANNEXE B

Taux de transmissibilité sur le véhicule

L'analyse des chemins de transmission vibratoire primaire sur la suspension S_1 du véhicule est effectuée en utilisant les taux de transmissibilité calculés à partir des FRFs force/accélération sur une bande fréquentielle qui s'étale de $f_0 = 20$ Hz à $f_1 = 500$ Hz. Cette analyse quantitative sera présentée selon la direction de transmission des vibrations de la suspension vers le châssis dans un premier temps.

B.1 Analyse des chemins de transmission suivant l'axe X

Les accélérations transmises suivant la direction X (voir Figure B.1) sont mesurées par les accéléromètres installés aux différents points d'ancrage de la suspension S_1 et sont présentées par les FRFs force/accélération sur la Figure B.2.

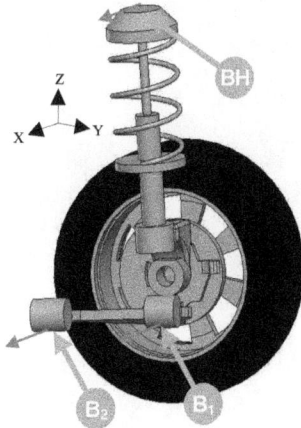

Figure B.1   Illustration des chemins de transmission suivant l'axe X sur la suspension S_1 du véhicule

L'analyse des taux de transmissibilité suivant la direction X révèle que quelle que soit la direction de l'excitation primaire, les accélérations transmises au châssis suivant l'axe X sont majoritairement transmises aux points d'ancrage BH et B_1.

D'un autre côté et d'après le tableau B.1, les taux τ_{XI} montrent que la transmissibilité de la suspension suivant l'axe X varie en fonction de la direction de l'excitation primaire. En effet, pour une excitation primaire de 1 N^2 uniforme sur la bande fréquentielle $[f_0, f_1]$:

- 5.64×10^{-2} m^{2}s^{-4} se transmet au châssis par tous les points d'ancrage suivant l'axe X et cela pour une excitation primaire suivant X. Cette puissance transmise suivant la direction X représente 5.64 % de la puissance totale transmise par la suspension pour cette direction d'excitation primaire.

- 43.51×10^{-2} m^{2}s^{-4} se transmet au châssis par tous les points d'ancrage suivant l'axe X et cela pour une excitation primaire suivant Y. Cette puissance transmise suivant la direction X et qui est le résultat d'une conversion d'une excitation suivant l'axe Y représente 11,75 % de la puissance totale transmise par la suspension pour cette direction d'excitation primaire.

- 53.13×10^{-2} m^{2}s^{-4} se transmet au châssis par tous les points d'ancrage suivant l'axe X et cela pour une excitation primaire suivant Z. Cette puissance transmise suivant la direction X et qui est le résultat d'une conversion d'une excitation suivant l'axe Z représente 32.76 % de la puissance totale transmise par la suspension pour cette direction d'excitation primaire.

Ces résultats montrent que pour la transmission suivant l'axe X, la suspension est plus perméable à une excitation suivant les axes Z et Y que suivant l'axe X.

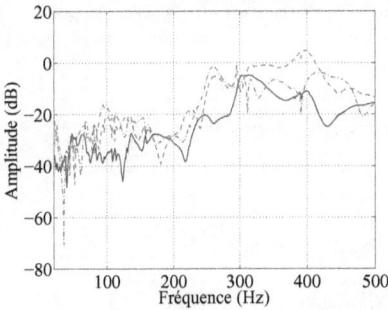

(a) Comparaison entre les FRFs accélération/accélération mesurées en B_1 suivant la direction X pour une excitation primaire sur l'axe de la roue suivant X, Y et Z

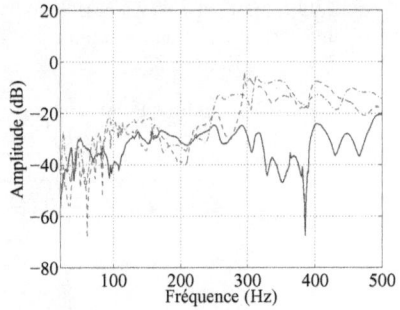

(b) Comparaison entre les FRFs accélération/accélération mesurées en B_2 suivant la direction X pour une excitation primaire sur l'axe de la roue suivant X, Y et Z

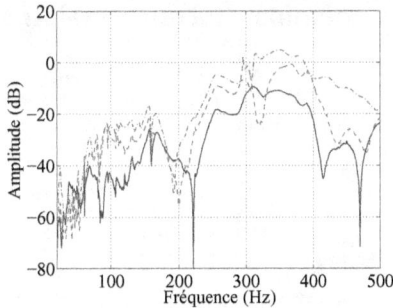

(c) Comparaison entre les FRFs accélération/accélération mesurées en BH suivant la direction X pour une excitation primaire sur l'axe de la roue suivant X, Y et Z

Figure B.2   Comparaison entre les FRFs accélération/accélération mesurées aux différents points d'ancrage de la suspension suivant la direction X pour une excitation primaire sur l'axe de la roue suivant X (—), Y(- - -) et Z(. - . -)

Tableau B.1 Taux de transmissibilité τ (m^{2}s^{-4}) et τ' suivant la direction X pour une excitation primaire appliquée sur l'axe de la roue successivement suivant les directions X, Y et Z.

Excitation primaire	Point d'ancrage m	τ_{mXl}	τ_{Xl}	τ'_{mXl}	τ'_{Xl}
F_{1X}	B_1	3.5 %		3.91 %	
	B_2	0.12 %	5.05 %	0.13 %	5.64 %
	BH	1.43 %		1.6 %	
F_{1Y}	B_1	30.61 %		8.27 %	
	B_2	2.8 %	43.51 %	0.75 %	11.75 %
	BH	10.1 %		2.73 %	
F_{1Z}	B_1	10.34 %		6.38 %	
	B_2	3.84 %	53.13 %	2.37 %	32.76 %
	BH	38.94 %		24.01 %	

B.2 Analyse des chemins de transmission suivant l'axe Y

Les accélérations transmises suivant la direction Y (voir Figure B.3) sont mesurées par les accéléromètres installés aux différents points d'ancrage de la suspension S_1 et sont présentées par les FRFs force/accélération sur la Figure B.4.

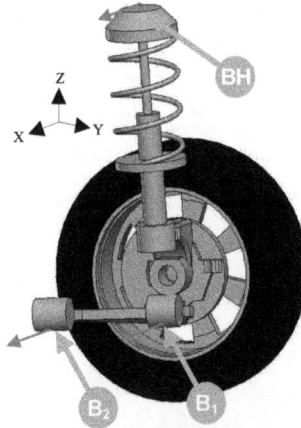

Figure B.3 Illustration des chemins de transmission suivant l'axe Y sur la suspension S_1 du véhicule

L'analyse des taux de transmissibilité suivant la direction Y révèle que quelle que soit la direction de l'excitation primaire, les accélérations transmises au châssis suivant l'axe Y sont majoritairement transmises au point d'ancrage BH .

D'un autre côté et d'après le tableau B.2, les taux τ_{Yl} montrent que la transmissibilité de la suspension suivant l'axe X varient en fonction de la direction de l'excitation primaire. En effet, pour une excitation primaire de 1 N^2 uniforme sur la bande fréquentielle $[f_0, f_1]$:

- 83.8 $\times$ 10^{-2} m^2s^{-4} se transmet au châssis par tous les points d'ancrage suivant l'axe Y et cela pour une excitation primaire suivant X. Cette puissance transmise suivant la direction Y et qui est le résultat d'une conversion d'une excitation suivant l'axe X représente 93,77 % de la puissance totale transmise par la suspension pour cette direction d'excitation primaire.

- 321.67 $\times$ 10^{-2} m^2s^{-4} se transmet au châssis par tous les points d'ancrage suivant l'axe Y et cela pour une excitation primaire suivant Y. Cette puissance transmise suivant la direction Y représente 87.01 % de la puissance totale transmise par la suspension pour cette direction d'excitation primaire.

- 103.7 $\times$ 10^{-2} m^2s^{-4} se transmet au châssis par tous les points d'ancrage suivant l'axe Y et cela pour une excitation primaire suivant Z. Cette puissance transmise suivant la direction Y et qui est le résultat d'une conversion d'une excitation suivant l'axe Z représente 63.94 % de la puissance totale transmise par la suspension pour cette direction d'excitation primaire.

Ces résultats montrent que pour la transmission suivant l'axe Y, la suspension est plus perméable à une excitation suivant l'axe Y que suivant les deux autres directions. D'autre part, la transmissibilité de la suspension des accélérations suivant l'axe Y est dominante et cela quelle que soit la direction de l'excitation primaire.

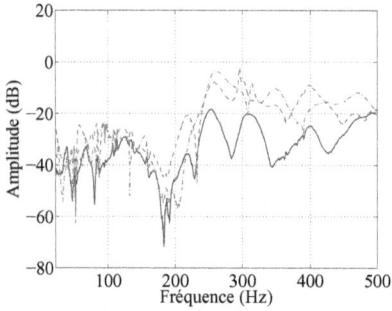

(a) Comparaison entre les FRFs accéléra-
tion/accélération mesurées en B_1 suivant la
direction Y pour une excitation primaire sur l'axe
de la roue suivant X, Y et Z

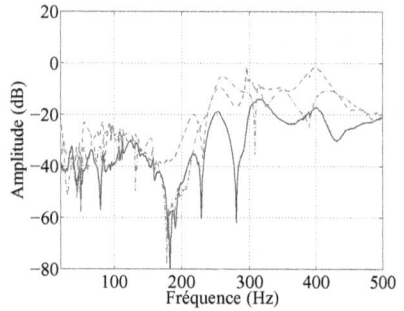

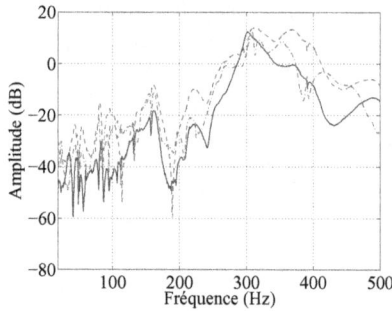

(b) Comparaison entre les FRFs accéléra-
tion/accélération mesurées en B_2 suivant la
direction Y pour une excitation primaire sur l'axe
de la roue suivant X, Y et Z

(c) Comparaison entre les FRFs accéléra-
tion/accélération mesurées en BH suivant la
direction Y pour une excitation primaire sur l'axe
de la roue suivant X, Y et Z

Figure B.4 Comparaison entre les FRFs accélération/accélération mesurées
aux différents points d'ancrage de la suspension suivant la direction Y pour
une excitation primaire sur l'axe de la roue suivant X (—), Y(- - -) et Z(. - . -)

Tableau B.2   Taux de transmissibilité τ (m^2s^{-4}) et τ' suivant la direction Y pour une excitation primaire appliquée sur l'axe de la roue successivement suivant les directions X, Y et Z.

Excitation primaire	Point d'ancrage m	τ_{mYl}	τ_{Yl}	τ'_{mYl}	τ'_{Yl}
	B_1	0.2 %		0.22 %	
F_{1X}	B_2	0.47 %	83.8 %	0.52 %	93.77 %
	BH	80.13 %		93.03%	
	B_1	2.61 %		0.71 %	
F_{1Y}	B_2	7.15 %	321.67 %	1.93 %	87.01 %
	BH	312 %		84.37 %	
	B_1	4.1 %		2.53%	
F_{1Z}	B_2	3.54 %	103.7 %	2.18 %	63.94 %
	BH	96.06		59.23 %	

B.3   Analyse des chemins de transmission suivant l'axe Z

Les accélérations transmises suivant la direction Z (voir Figure B.5) sont mesurées par les accéléromètres installés aux différents points d'ancrage de la suspension S_1 et sont présentées par les FRFs force/accélération sur la Figure B.6.

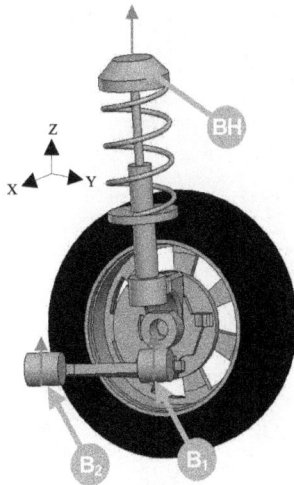

Figure B.5   Illustration des chemins de transmission suivant l'axe X sur la suspension S_1 du véhicule

L'analyse des taux de transmissibilité suivant la direction Z révèle que quelle que soit la direction de l'excitation primaire, les accélérations transmises au châssis suivant l'axe Z sont majoritairement transmises au point d'ancrage B_2 .

D'un autre côté et d'après le tableau B.3, les taux τ_{Zl} montrent que la transmissibilité de la suspension suivant l'axe Z varient en fonction de la direction de l'excitation primaire. En effet, pour une excitation primaire de 1 N^2 uniforme sur la bande fréquentielle $[f_0, f_1]$:

- 0.5 × 10^{-2} m^2s^{-4} se transmet au châssis par tous les points d'ancrage suivant l'axe Z et cela pour une excitation primaire suivant X. Cette puissance transmise suivant la direction Z et qui est le résultat d'une conversion d'une excitation suivant l'axe X représente 0,56 % de la puissance totale transmise par la suspension pour cette direction d'excitation primaire.

- 4.51 × 10^{-2} m^2s^{-4} se transmet au châssis par tous les points d'ancrage suivant l'axe Z et cela pour une excitation primaire suivant Y. Cette puissance transmise suivant la direction Z et qui est le résultat d'une conversion d'une excitation suivant l'axe Y représente 1,22 % de la puissance totale transmise par la suspension pour cette direction d'excitation primaire.

- 5.33 × 10^{-2} m^2s^{-4} se transmet au châssis par tous les points d'ancrage suivant l'axe Z et cela pour une excitation primaire suivant Z. Cette puissance transmise suivant la direction Z représente 3.28 % de la puissance totale transmise par la suspension pour cette direction d'excitation primaire.

Ces résultats montrent que pour la transmission suivant l'axe Z, la suspension est plus perméable à une excitation suivant les axes Z puis Y que suivant l'axe X.

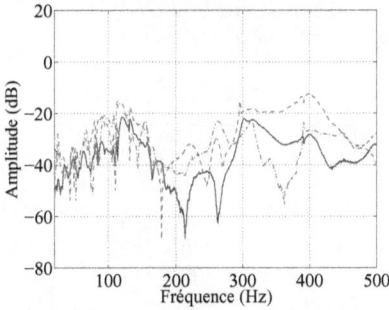

(a) Comparaison entre les FRFs accélération/accélération mesurées en B_1 suivant la direction Z pour une excitation primaire sur l'axe de la roue suivant X, Y et Z

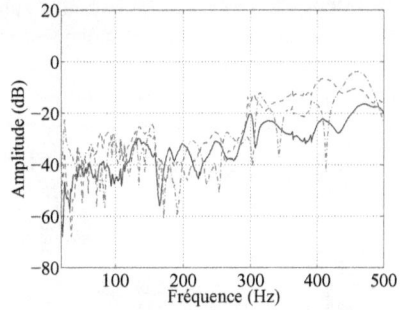

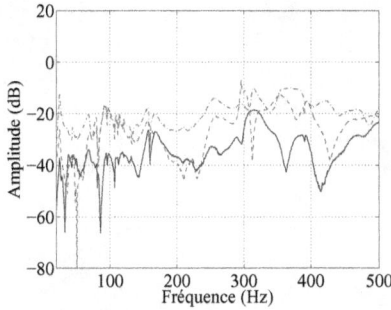

(b) Comparaison entre les FRFs accélération/accélération mesurées en B_2 suivant la direction Z pour une excitation primaire sur l'axe de la roue suivant X, Y et Z

(c) Comparaison entre les FRFs accélération/accélération mesurées en BH suivant la direction Z pour une excitation primaire sur l'axe de la roue suivant X, Y et Z

Figure B.6   Comparaison entre les FRFs accélération/accélération mesurées aux différents points d'ancrage de la suspension suivant la direction Z pour une excitation primaire sur l'axe de la roue suivant X (—), Y(- - -) et Z(. - . -)

Tableau B.3   Taux de transmissibilité τ (m^{2}s^{-4}) et τ' suivant la direction Y pour une excitation primaire appliquée sur l'axe de la roue successivement suivant les directions X, Y et Z.

Excitation primaire	Point d'ancrage m	τ_{mZl}	τ_{Zl}	τ'_{mZl}	τ'_{Zl}
F_{1X}	B_1	0.09 %		0.09 %	
	B_2	0.3 %	0.5 %	0.34 %	0.56 %
	BH	0.12 %		0.13%	
F_{1Y}	B_1	0.69 %		0.19 %	
	B_2	2.97 %	4.51 %	0.8 %	1.22 %
	BH	0.85 %		0.23 %	
F_{1Z}	B_1	0.17 %		0.1%	
	B_2	3.24 %	5.33 %	2 %	3.28 %
	BH	1.92 %		1.18 %	

LISTE DES RÉFÉRENCES

Bendat, J. S. et Piersol, A. G. (2000). *Random data : analysis and measurement procedures*, Wiley Series in Probability and Statistics, *volume 1*, 3e édition. John Wiley And Sons Ltd, Wiley, New York, USA, 624 p.

Bernhard, R. (1995). Active control of road noise inside automobiles. Dans *Proceedings of Active 1995*. p. 21–32.

Bose Corporation (2010). *Bose suspension system*. http://www.bose.com/controller (page consultée le 10 janvier 2010).

Bouazara, M., Gosselin-Brisson, S. et Richard, M. (2007). Design of an active suspension control for a vehicle model using a genetic algorithm. *Transactions of the Canadian Society for Mechanical Engineering*, volume 31, numéro 3, p. 317–333.

Boudoy, M. et Martin, V. (2003). Prediction of acoustic fields radiated into a damped cavity by an n-port source through ducts. *Journal of Sound and Vibration*, volume 264, numéro 3, p. 499–521.

Cabell, R. H. (1998). *A principal component algorithm for feedforward active noise and vibration control*. Mémoire de maîtrise, Virginia Polytechnic Institute, Blacksburg, Virginia, USA, 151 p.

Champoux, Y. (2006). *Traitement et analyse fréquentielle des données expérimentales - Note de cours GMC 712*. Université de Sherbrooke, Sherbrooke.

Choi, S. et Han, S. (2003). H infinity control of electrorheological suspension system subjected to parameter uncertainties. *Mechatronics ISSN 0957-4158*, volume 13, numéro 7, p. 639–657.

Choquette, P. (2006). *Optimization of actuator configuration for the reduction of structure-borne noise in automobiles*. Mémoire de maîtrise, Université de Sherbrooke, Sherbrooke, Québec, Canada, 126 p.

Constant, M., Penne, F., Leyssens, J. et Freymann, R. (2001). Tire and car contribution and interaction to low-frequency interior noise. Dans *Society of automotive engineers*. 2001-01-1528, p. 1–8.

Dehandschutter, W., Cauter, R. V. et Sas, P. (1995a). Active control of simulated structure-borne road noise using force actuators. Dans *Society of automotive engineers*. p. 737–745.

Dehandschutter, W., Cauter, R. V. et Sas, P. (1995b). Active structural acoustic control of structure borne road noise : theory, simulations, and experiments. Dans *Proceedings of Active 1995*. p. 735–746.

Dehandschutter, W. et Sas, P. (1998). Active control of structure-borne road noise using vibration actuators. *Journal of Vibration and Acoustics*, volume 120, numéro 2, p. 517–523.

Dehandschutter, W. et Sas, P. (1999). Active structural and acoustic control of structure-borne road noise in a passenger car. *Noise & Vibration Worldwide*, volume 30, numéro 5, p. 17–27.

Douville, H. (2003). *An approach using active structural acoustic control for the reduction of structure-borne road noise*. Mémoire de maîtrise, Université de Sherbrooke, Sherbrooke, Québec, Canada, 190 p.

Douville, H., Masson, P. et Berry, A. (2006). On-resonance transmissibility methodology for quantifying the structure-borne road noise of an automotive suspension assembly. *Applied Acoustics*, volume 64, numéro 4, p. 358–382.

Elliott, S. J. (2001). *Signal processing for active control*, Signal processing and its applications, *volume 1*, 1re édition. Academic Press, San Diego, California, USA, 784 p.

Fuller, C. R., Nelson, P. R. et Elliott, S. J. (1996). *Active control of vibration*. Academic Press, Southampton, UK, 332 p.

Garcia-bonito, J., Elliott, S. J. et Boucher, C. C. (1999). Generation of zones of quiet using a virtual microphone arrangement. *The Journal of the Acoustical Society of America*, volume 101, numéro 6, p. 3498–3516.

Gérard, A. (2006). *Bruit de raie des ventilateurs axiaux : estimation des sources aéroacoustique par modèles inverses et méthodes de contrôle*. Thèse de doctorat, Université de Sherbrooke, Sherbrooke, Québec, Canada, 218 p.

Gu, P., Juan, J., Ni, A. et Loon, J. V. (2001). Operational spindle load estimation methodology for road nvh applications. Dans *SAE transactions*. volume 110. Society of Automotive Engineers, New York, USA, p. 1–9.

Hamada, H., Takashima, N. et Nleson, P. A. (1995). Genetic algorithm used for active control of sound - search and identification of noise sources. Dans *Proceedings of Active 1995*. p. 33–38.

Howard, D. M. et Angus, J. A. S. (2000). *Acoustics and psychoacoustics*, Focal Press Music Technology Series, *volume 1*, 2e édition. Butterworth-Heinemann, Newton, MA, USA, 385 p.

Kido, I., Nakamura, A., Hayashi, T. et Makato, A. (1999). Suspension vibration analysis for road noise unsing finite element model. Dans *Society of automotive engineers*. 1999-01-1788, p. 1–8.

Kim, S., Lee, J. M. et Sung, M. (1999). Structural-acoustic modal coupling analysis and application to noise reduction in a vehicle passenger compartment. *Journal of Sound and Vibration*, volume 225, numéro 5, p. 187–199.

Kim, S. M. et Brennan, M. J. (1999). A compact matrix formulation using the impedance and mobility approach for the analysis of structural-acoustic systems. *Journal of Sound and Vibration*, p. 97–113.

Kinoshita, A., Tabata, T., Doi, K. et Nakaji, Y. (1994). Active booming noise control system for automobiles. *International Journal of Vehicle Design*, volume 15, numéro 1, p. 108–118.

Kuo, S. et Morgan, D. (1996). *Active noise control systems : algorithms and DSP implementations*. Wiley-interscience, Wiley, New York, USA, 389 p.

Lalor, N. et Priebsch, H.-H. (2007). The prediction of low-and mid-frequency internal road vehicle noise : a literature survey. Dans *Proceedings of the Institution of Mechanical Engineers. Part D, Journal of automobile engineering*. volume 221. Professional Engineering, London, UK, p. 245–269.

Lauwerys, C., Swevers, J. et Sas, P. (2005a). Robust linear control of an active suspension on a quarter car test-rig. *Control engineering practice*, volume 13, numéro 5, p. 577–586.

Lauwerys, C., Swevers, J. et SAS, P. (2005b). Robust linear control of an active suspension on a quarter car test-rig. *Control engineering practice*, volume 13, numéro 5, p. 577–586.

Li, J. et Gruver, W. (1998). An electrorheological fluid damper for vibration control. Dans *Proceedings 1998 IEEE International Conference On Robotics And Automation*. p. 2496–2481.

Li, X., Boulet, B., Belgacem, W., Berry, A. et Masson, P. (2009). Structure-borne noise reduction through active control of vehicle suspension. Dans *Proceedings of Active 2009*. p. 1–10.

Lord, H., Gatley, W. et Evensen, H. (1986). *Noise control for engineers*, 2e édition. Robert Krieger Publishing Co., Malabar, Florida, USA, 385 p.

Mangeol, P. (2006). *L'industrie automobile au Canada* (Rapport technique). Mission Économique de Toronto en coopération avec le réseau des Missions Economiques au Canada, 4 p.

Micromega Dynamics sa (2010). *Active Damping Device*. http://www.micromega-dynamics.com/amd.htm (page consultée le 15 mars 2010).

Nagarkatti, S. P. (2001). Keeping the noise down in confined spaces. Dans *IEEE Potentials*. p. 29–31.

Nelson, P. A. et Elliot, S. J. (1992). *Active control of sound*. Academic Press, Southampton, UK, 346 p.

Nijhuis, M. H. H. O. et Boer, A. (2002). Optimization strategy for actuator and sensor placement in active structural acoustic control. Dans *Proceedings of Active 2002*. p. 621–632.

O'Neill, H. et Wale, G. (1994). Semi-active suspension improves rail vehicle ride. *Computing and Control Engineering Journal*, volume 5, numéro 4, p. 183–188.

Park, C. et Fuller, C. (2001). Evaluation and demonstration of advanced active noise control in a passenger automobile. Dans *Proceedings of Active 2001*. p. 275–284.

Peric, C., Watkins, S. et Lindqvist, E. (1997). Wind turbulence effects on aerodynamic noise with relevance to road vehicle interior noise. *Journal of wind engineering and industrial aerodynamics*, volume 69, numéro 3, p. 423–435.

Roumy, J. (2003). *Active control of vibration transmitted through a car suspension*. Mémoire de maîtrise, McGill University, Montréal, Québec, Canada, 60 p.

Roure, A. et Albarrazin, A. (1999). The remote microphone technique for active noise control. Dans *Proceedings of Active 1999*. p. 1233–1244.

S. H. Kim, J. M. L. et Sung, M. H. (1999). Structural-acoustic modal coupling analysis and application to noise reduction in a vehicle passenger compartment. *Journal of Sound and Vibration*, volume 225, numéro 5, p. 989–999.

Sano, H., Adachi, S. et Kasuya, H. (1995). Active noise control based on rls algorithm for an automobile. Dans *Proceedings of Active 1995*. p. 891–898.

Yoshida, H., Tange, K. et Morikawa, K. (2003). Development of actuator for suspension control. *JSAE Rev*, volume 20, numéro 4, p. 487–492.

Yoshimura, T., Kume, A., Kurimoto, M. et Hino, J. (2001). Construction of an active suspension system of a quarter car model using the concept of sliding mode control. *Journal of Sound and Vibration*, volume 239, numéro 2, p. 187–199.

www.ingramcontent.com/pod-product-compliance
Lightning Source LLC
Chambersburg PA
CBHW021046210326
41598CB00016B/1113